役にたつ
土木工学
シリーズ
2

水資源工学

小尻 利治 [著]

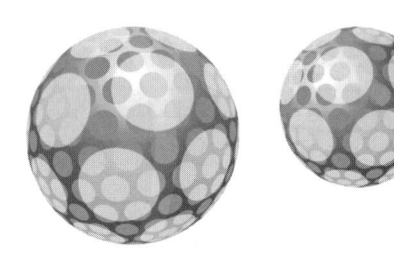

朝倉書店

はじめに

　著者は京都大学での学生時代，故石原藤次郎博士，髙樟琢馬博士，池淵周一博士に師事し，水文学，水資源工学に関する基礎・応用理論を学ぶと共に，卒業後，30年以上にわたって，貯水池の最適操作，安全度水資源の安全度評価，水資源システムのエキスパート化，分布型流域シミュレーション，地球規模水動態解析，流域の総合環境評価，人工知能によるデータ処理とシステム運用，などの研究・開発に携わってきた．さらに，故 T. E. Unny 博士（Waterloo 大学），K. W. Hipel 博士（Waterloo 大学），S. P. Simonovic 博士（Western Ontario 大学），G. Dandy 博士（Adelaide 大学），S-Y. Liong 博士（Singapore 大学），V. P. Singh 博士（Louisiana 大学）らと交流を重ね，確率論・パターン認識論，水文統計・時系列解析，システム設計・リスク管理，ファジィ理論・カオス理論，GISを利用した分布型流出解析などの分野において，新しい手法の導入と新理論の提案を行ってきた．その間，京都大学，岐阜大学において水資源工学，水文学，水理学，河川工学の講義を担当してきた．ただ，教育に際して参考とすべき資料が少ないのが悩みであり，ハーバード水計画（Harvard Water Program, 1962）など数冊の洋書を利用し，もっぱら，従来の研究内容を噛み砕いて説明してきた．水理学や河川工学では，既に多数の優れた書物が出版されており，研究内容にあった参考書を入手することができる．また，水循環としての水文学やシステムの最適設計などの個別の課題でも適切な書物を容易に入手することができ，研究の推進に役立ってきた．これは，水資源問題自体が，自然の水循環系だけでなく，灌漑・低水管理，水質管理などの人為的・社会的活動も不可欠の中心課題であり，林学，農学，工学，社会学，経済学を網羅した体系化が複雑であったためである．加えて，その実管理が元建設省，農水省，国土庁にまたがっていたので，計画から管理までの統一的なシステム構成が困難であったからであろう．

　さて，水が人間の生存にとって不可欠であることは言うまでもなく，飲料水からはじまり，生活，交通の場を提供してきた．ある時は洪水流，ある時は旱魃となって，その変動は社会基盤に深刻な被害をもたらしてきた．さらに，地球温暖化や砂漠化が懸念されて久しく，人口の増加を考えると「21世紀は水問題の世紀」ともいわれている．各種の国連会議，国際会議，国際学会が開催され，世界水文観測の必要性，地球規模水・物質循環モデルの開発，気象・水文事象の異常性推定，水質汚染・環境ホルモンの増加への警鐘，生態系保全の必要性，貧困からの脱出，が提唱されてきた．すなわち，水問題は，単に水量確保だけでなく，地球規模・地域規模・流域規模での水量，水質，生態系と水利用，社会経済活動の相互作用が含まれており，人類の存続可能性（sustainability）とも深く関わっていることになる．特に，東南アジア諸国では，その生活様式のために低平洪水氾濫地を社会，経済活動の中心的場としてきた．農業の

水耕栽培が平坦な土地と水資源を前提とすることから，洪水の危険性を克服しつつ河川の下流域に向けて発展してきた歴史がある．したがって，気温，降水という水資源構成要素の変動は，産業，農業，社会活動に影響を及ぼすのは必須であり，治水，利水，生態系，環境問題を含めて総合的に検討すべきである．

　今後の水資源問題を考えると，1) 気候変動を考慮し，水資源の入力である降水量の時空間的変動特性の把握，2) 推定された降水量分布に対する流域内水量，水質の予測とその変化による植生，生態，環境への影響，3) 水循環と水利用，社会経済活動が連携した水資源動態解析，4) そうした水資源分布に対する流域の管理方式の明確化，を議論しておかなければならない．

　こうした観点より，本書は，水資源分布，計画の策定，利水安全度評価，水需給予測，水量・水質分布解析，総合流域管理，気候変動，システム管理，人工知能の導入，地下水の有機的活用，に絞ってまとめたものである．詳細は，水資源工学に関する講義ノートを再編集したもので，研究者，学生，実務者の方々の参考になれば幸いである．

　最後に，執筆に当たって，京都大学の水文・水資源関係者，卒業生に資料整理，理論展開，計算プログラム開発など，多大の支援を受けたことに感謝の念を表したい．

平成 18 年　夏

小　尻　利　治

目　　次

1. 概　　説 …………………………………………………………………… 1

2. 世界と日本における水資源分布 ………………………………………… 4
   2.1 大気のエネルギーと降雨の発生 …………………………………… 4
   2.2 日本の水資源 ………………………………………………………… 5
   2.3 水資源の利用 ………………………………………………………… 6
   2.4 他の水源 ……………………………………………………………… 7
   2.5 世界の水資源分布状況 ……………………………………………… 8
   2.6 流域水資源量の比較 ………………………………………………… 11

3. 水資源計画の策定 ………………………………………………………… 16
   3.1 水資源計画の策定手順 ……………………………………………… 16
   3.2 最適施設計画の定式化 ……………………………………………… 18
   3.3 多目的の場合の最適計画 …………………………………………… 19
   3.4 水資源計画の評価 …………………………………………………… 22

4. 利水安全度 ………………………………………………………………… 24
   4.1 利水安全度の定義 …………………………………………………… 24
   4.2 利水システムのモデル化 …………………………………………… 26
   4.3 計算による利水安全度の検証 ……………………………………… 31
   4.4 形状を考慮した発生確率 …………………………………………… 31

5. システムダイナミックスによる水需要予測 …………………………… 34
   5.1 システムダイナミックスの概要 …………………………………… 34
   5.2 SDによる水動態モデルの構成 ……………………………………… 36
   5.3 水需給問題への適用 ………………………………………………… 37
   5.4 シミュレーションによる解析結果 ………………………………… 43
   5.5 6大陸間水動態モデルへの適用 …………………………………… 45
   5.6 SDの適用結果 ………………………………………………………… 49

6. 流域流出分布の解析 ……… 51
- 6.1 集中型モデルと分布型モデル ……… 51
- 6.2 GIS を利用した水循環モデル ……… 52
- 6.3 水流出過程の定式化 ……… 52
- 6.4 適用例 ……… 57

7. 水質流出・流下モデル ……… 60
- 7.1 水質から生態系までの把握 ……… 60
- 7.2 水温分布の解析 ……… 60
- 7.3 汚濁物質移流過程 ……… 62
- 7.4 環境ホルモンによる生態系への影響 ……… 64
- 7.5 実流域でのシミュレーション環境 ……… 65

8. 総合流域管理 ……… 71
- 8.1 総合流域管理の必要性 ……… 71
- 8.2 流域特性の抽出 ……… 72
- 8.3 流域の評価 ……… 73
- 8.4 総合流域管理計画の策定 ……… 76

9. 気候変動と渇水対策 ……… 82
- 9.1 地球温暖化の外洋 ……… 82
- 9.2 気候変動に対する課題 ……… 83
- 9.3 パターン分類による少雨をもたらす気象要素の抽出 ……… 84
- 9.4 知識ベース型長期降水量予測 ……… 88
- 9.5 実流域での分類と評価 ……… 89

10. 数理計画法によるシステム管理 ……… 93
- 10.1 ダム操作の概要 ……… 93
- 10.2 線形計画法によるシステム管理の定式化 ……… 95
- 10.3 部分整形化 ……… 96
- 10.4 動的計画法による定式化 ……… 97
- 10.5 ダム操作による DP の定式化 ……… 98
- 10.6 不確実な入力に対する最適操作 ……… 99
- 10.7 河道流下機構を考慮した最適操作 ……… 99
- 10.8 複雑なシステムでの最適化 ……… 101
- 10.9 施設の建設手順 ……… 103

11. 水資源管理への人工知能の導入 ………………………………………… 106
11.1 エキスパートシステム ……………………………………………… 106
11.2 ファジイ理論 …………………………………………………………… 107
11.3 ニューラルネットワーク ……………………………………………… 108
11.4 その他（ジェネティックアルゴリズム，カオス理論）…………… 111
11.5 AI手法の水文・水資源問題への適用例 …………………………… 112

12. 地下水の有機的活用 ……………………………………………………… 120
12.1 地下水利用の課題 ……………………………………………………… 120
12.2 多層構造に関する解法（分割化による解の探索）………………… 122
12.3 水資源問題における適応例 …………………………………………… 124

演習問題解答 ……………………………………………………………………… 128

索　引 ……………………………………………………………………………… 141

1 概　　説

　水資源工学とは，水に関わる種々の事項を扱うものであり，(i) 自然系と (ii) 人間系の両側面に関係し，総合的に論じるものである．すなわち，図 1.1 に示すように，自然の中での水循環，水環境を把握し，それを資源とみなして人間社会・生活を維持していく水計画を立案していくものである．

　自然系とは，物理則で支配される地球上の水の動き，すなわち，水循環系であり，水質や生態系などの水環境も含まれる．視点によってはスケールと捉えることができ，都市規模，流域規模，地域規模，地球規模でのモデル化が想定される．時間として捉えると，水利用や水の流れからわかるように，秒・分・時間単位，日単位，月単位，年単位があり，それぞれ既知の情報，未知の情報，実時間での情報がある．洪水流は，分か時間単位，低水流量は日単位で要求される．予測に関しては，洪水時は避難活動があり 6 時間程度の余裕が，渇水時には貯留や節水規制を出すために 1 ヵ月や数日先までの降雨，流量分布が必要となる．水質に関しては，観測施設・精度の制約があり月平均値で表される場合が多い．人間系の特徴としては水利用であるので，施設の規模・配置，建設手順，実管理・保全政策，などがある．評価としては，水利用のための便宜性，効率性を意味し，人間を中心とした水および水循環の価値である．時代と共に価値基準は変化しており，人間系にそれに即した計画・管理を求めていくことになる．洪水，渇水を防御しようとする物理的評価や被害額の軽減，補償額の推定などの経済的評価に加え，社会的，心理的価値が求められる生態系，親水性，景観，水文化などの総合評価が行われるときもある．これらは，貨幣価値では表現できない心理的な基準も重要で，社会学，経済学だけでなく多目的理論や感性工学など，新しい学問の導入と理論の提案が求められている．

　一般に，自然系においては，流域規模，一雨降水量や気温が一定でも，水文学的，地形・地質学的特性により場所によって利用可能水量が異なっている．時間的に見ると，産業革命以後の気候変動や社会変動が激しく，入力となる降水量だけでなく水需給の推定が困難で，今後の水資源計画を立てていくのは容易ではない．

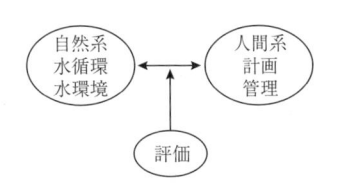

図 1.1　水資源工学の特徴

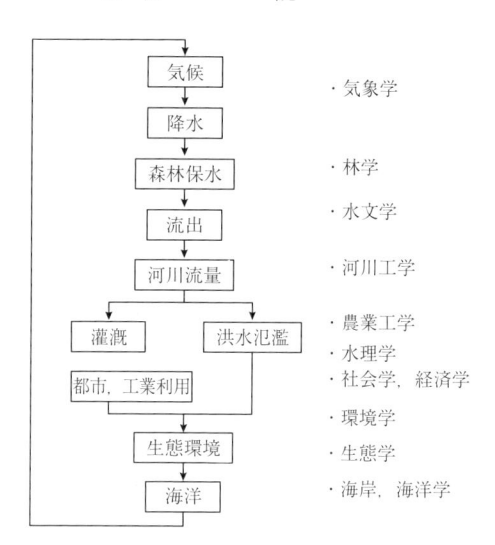

図 1.2 水資源における関連専門科目

　日本では，1970年代のオイルショック以降，地球温暖化や環境保全と水資源開発の調和を目指すなど，新しい解決法が要求されてきた．自然環境を維持しつつ豊かな社会生活を確保しようとするものである．言い換えると，持続可能な水資源計画の策定である．例えば，既存の貯水池に堆砂が進んでも新しい貯水池を計画するのではなく，土砂排出や，採集，操作ルールの見直し，などによって再活用を図るものである．あるいは，計画段階より，生態系，リクリエーション，景観，水文化など，金額的に推定できない価値，便益を組み込んだ総合流域管理を行おうとするものである．

　こうした自然系と人間系が微妙に絡み合った複雑な問題に対処するのが水資源工学である．利用可能水量の推定や環境への影響評価なども含まれており，気象から河川，環境，社会，経済学までの総合的学問と言える．その関連を図で表すと図1.2のようになる．

　ところで，利用可能な水資源量は水資源賦存量といわれ

　　　年降水量 − 年蒸発散量

で表現される．一方，水洗トイレ，散水，洗車などの快適な社会生活，近代社会で不可欠な電力，再利用を進めている工業用水など，高度技術社会の維持のためには，従来，総量で利用可能性を議論していた水の有限性について，空間的時間的変動を見極めるが必要となる．言い換えると，年単位の水資源賦存量では把握されない日単位での水需給関係，節水効果を総合化することである．

また，河川利用率は

　　　水供給量（水需要量）／河川平均流量

で与えられており，通常，0.3〜0.5で，最大でも0.8といわれている．これは，ハイドログラフが定常でなく，年，季節，日で異なっていることに起因しており，水供給量だけでなく，水利用特性，流域環境への影響を加味した総合的，多目的評価が要求されている．将来的には，気候変動，技術開発，社会情勢の変化等，各種の不確定要

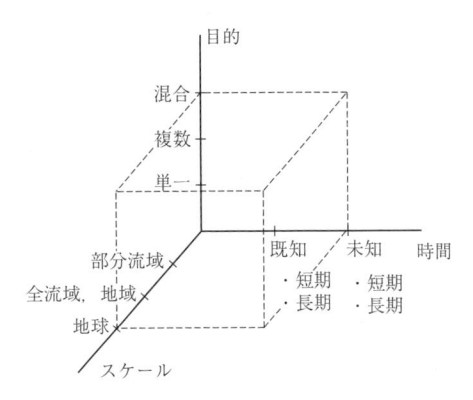

図 1.3 水資源工学の目的軸

因を考慮した計画策定手法の開発も重要である．したがって，水資源工学の研究目的は，図1.3に示すように，不確実な状況下での多くの目的と広範な地域を対象とした豊かな社会の構築にある．計画・管理対象目的に関しては，灌漑や発電だけの単一目的から，治水，環境や生態までを同時に考慮する多目的計画がある．スケールとしては，単一流域から国際河川や地球規模までの広範囲が存在する．時間軸に関しては，既知の情報だけを対象にしたオフライン計画から未知の情報に対応する実時間問題が対応する．

本書では，こうした水資源計画・管理に焦点を絞り，一般的な問題の定式化から解決策までを検討するものである．

演習問題

1.1 水資源問題に関連する専門科目とその関連性を述べよ．
1.2 水資源工学における基本的目的軸の特徴を要約せよ．

2 世界と日本における水資源分布

■ 2.1 大気のエネルギーと降雨の発生

　大気の成分は,窒素 (Nitrogen) 78.09%,酸素 (Oxygen) 20.95%,アルゴン (Argon) 0.93%,炭素 (CO_2 として: Carbon) 0.03%,その他 (Others) 0.003%である.CO_2 は無色,無臭,無害であるが,熱の通過を遅くするので温暖化の基といわれている.

　大気の循環は太陽エネルギーで支えられており,概略として平均日日射量を100と置くと,下図のような配分になる.この大気に捕らえられる熱量,地上からの反射する熱量が蒸発や降水発生の原動力である.

　太陽放射(日射あるいは短波放射)によって地表面が加熱されるとその一部は反射する(この反射率をアルベドと呼ぶ).短波放射は地表面に直接入射する部分と大気中で反射・散乱する部分よりなっている.地表は,この反射した残りの正味放射量と大気からの放射量および大気へ放射する熱量(負の熱量)で暖められる.地表では,対流による顕熱 H と気化による潜熱 lE (l は水の気化熱),および伝導による地中への熱輸送が成立する.すなわち,

$$R_e = S(1-\alpha) + L\downarrow - L\uparrow = H + lE + G \tag{2.1}$$

　α:アルベド　$L\downarrow$:大気からの地表への放射量　$L\uparrow$:地表から大気への放射量

　大気中の水分は蒸発,気化,凝縮などの形態をとるが,その変遷は地球の回転に起因する大気の流れが影響しており,考慮すべき要素としては,(i) 太陽から放射される熱量,(ii) 太陽からの距離,(iii) 放射表面の角度,(iv) 大気で吸収される量,が重要である(ここでは,短長波から超長波までが存在する).

　降水が発生するのは大気中の水分量によって決まるが,気象学的に見ると,地形,

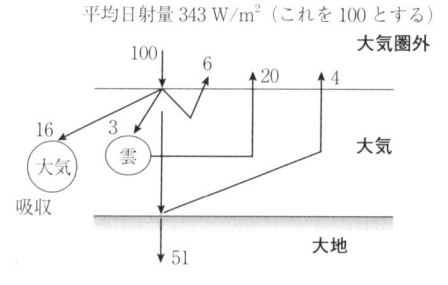

図 2.1 地球における太陽エネルギーの配分[1]

気圧，気温，気流によって異なっている．すなわち，温暖前線，寒冷前線，閉塞前線などの前線性降雨，台風，ハリケーンなどの低気圧性降雨（前線性降雨とともに層状性降雨といわれるときもある），夕立などの対流性降雨，上昇流が発生し降雨となる地形性降雨，および，降雪である．

　具体的には，浮遊微粒子，大気の力学過程，水の相変化に関する熱力学過程，水粒子の変化に関する物理過程によって降水（雲を含む）が発生する．雲は，上昇気流の中で断熱冷却により，その水蒸気の密度がその温度の飽和水蒸気密度より高くなると相変化を起こし，雲粒や氷晶となって現れる．10 μm 程度の雲粒が 0.5 mm 以上の雨滴に成長するには，凝結成長過程と衝突併合成長過程がある．前者は，雲粒が周りの水蒸気を取り込んで成長することを意味し，後者は，雲粒が落下する際に衝突結合し大きくなることである．気温が 0℃ 以下の大気の上昇では，雲中に氷晶が発生し雪や霰になる．これを氷相というが，落下途中で 0℃ 以上の大気中で解けると雨となり冷たい雨と呼ばれている．0℃ 以上の大気の上昇では，断熱冷却により空気中の水蒸気がエアロゾル状に凝結して雲粒となる．さらに上昇が進むと雲粒が大きくなり雨滴となる．これが暖かい雨である．水資源量の変動は，こうした地球規模でのエネルギー補給や地域的な降水発生 - 流出特性によって決定される．

　実際の降水は，こうした気象状態がある範囲で一定時間続くことにより発生するもので，数千 km，長時間にわたっての現象は前線性降雨と呼ばれ，寒気団（数千 km にわたって一様な空気塊を気団と呼ぶ）が暖気団に侵入していく場合を寒冷前線，暖気団が寒気団を押し込んでいく場合を温暖前線，両者の勢いが同じぐらいで移動が見られない場合を閉塞前線，と呼んでおり，日本では梅雨前線などが相当する．一方，太陽熱による大気の急激な変動がもたらすものとして，ハリケーン，台風，夕立などの低気圧性降雨，地形性降雨がある．

■ 2.2　日本の水資源

　降水量は大雑把にいって，日本では約 1800 mm/年である．ただし，地域変動，気候変動，経年変動が含まれる．図 2.2 は降水量の経年変化である．この 100 年では，年降水量は大きく変化していないが，やや減少傾向であるとともに年変動が大きくなっているのがわかる．

　水資源賦存量は（年降水量 - 年蒸発散量）で定義されている．日本での特徴として，

渇水年：	渇水第 2 位　日本での数値	3300 億 m^3/年　（S31 年〜S48 の統計）
平水年：	通年平均	4500 億 m^3/年
豊水年：	豊水第 2 位	5800 億 m^3/年
利用可能水量：	渇水年の 60%	2000 億 m^3/年

が統計的に用いられている．概略的には，降水量 1800 mm × 日本の面積 37 万 km^2 = 6600 億 m^3/年となり，その 3 分の 2 が 4400 ≅ 4500 億 m^3/年である．渇水は 20 年で

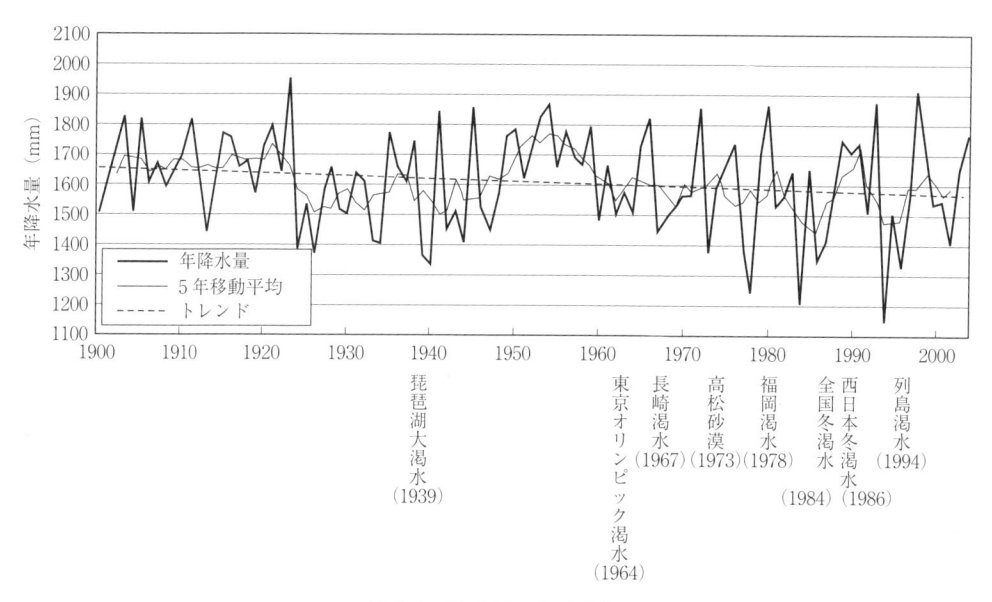

図 2.2 降水量の年変化[2]
　気象庁資料に基づいて国土交通省水資源部で算出．全国 51 地点の算術平均値．トレンドは回帰直線による．各年の観測地点数は欠測などにより必ずしも 51 地点ではない．

第 2 位を採用しており，安全度は 1/10 といえる．図 2.3 は降水量と水資源賦存量の地域分布であり，関東，近畿などの人口密集地域の利用可能水量が極めて低く，北海道，山陰，南九州という過疎地が高い値を取っている．河川利用率は｛確保流量/平均流量｝で，水資源利用率は｛総使用水量/水資源賦存量｝で定義されている．

　また，統計的に見た流量表現では

　　　豊水流量　　95 日　　$5 \sim 8\,\mathrm{m^3/sec/100\,km^2}$
　　　平水流量　185 日　　$3 \sim 4\,\mathrm{m^3/sec/100\,km^2}$
　　　低水流量　275 日　　$2 \sim 3\,\mathrm{m^3/sec/100\,km^2}$
　　　渇水流量　355 日　　　$1\,\mathrm{m^3/sec/100\,km^2}$

　　　最大流量，最小流量

があり，上記右側の値は，日本での平均的なものである．

■ 2.3　水資源の利用

　水資源として供給されるものには次のように分類される．まず，都市用水と農業用水になり，都市用水は家庭，職場で使われる生活用水と工業用水にわかれる．生活用水は，消防などの都市活動用水と一般的な家庭用水である．

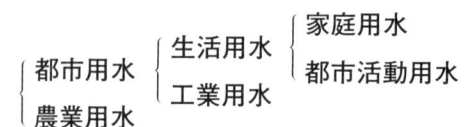

　　　　｛都市用水｛生活用水｛家庭用水
　　　　　　　　　　工業用水　都市活動用水
　　　　　農業用水

日本での生活用水は約 320 l/人・日で，アメリカなどの先進国と同等である．

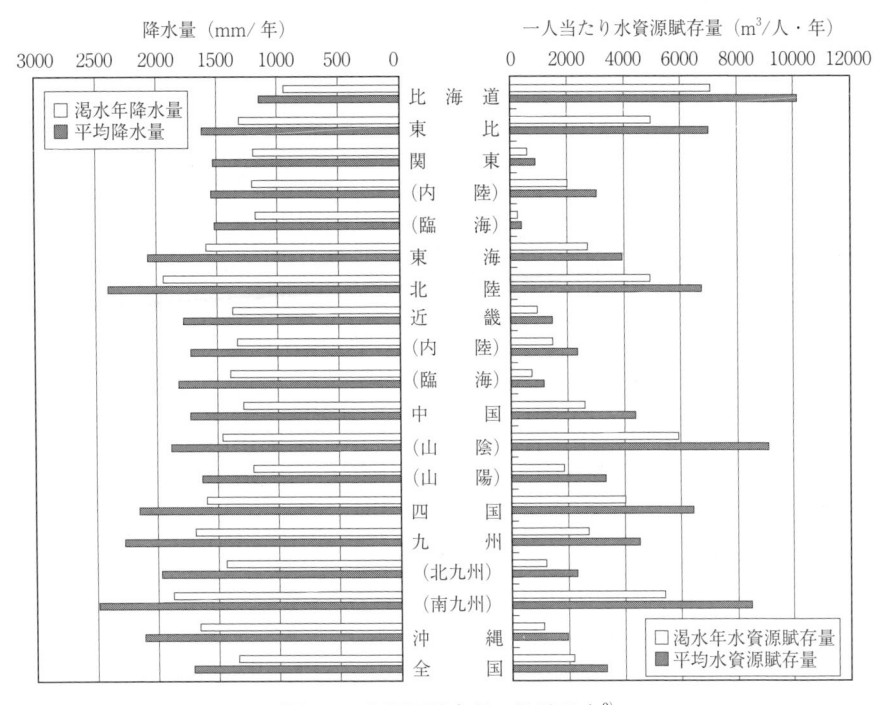

図 2.3　水資源賦存量の地域分布[3]

国土交通省水資源部調べ及び総務省統計局国勢調査（2000年）による．平均水資源賦存量は，降水量から蒸発散によって失われる水量を引いたものに面積を乗じた値の平均を1971年から2000年までの30年間について地域別に集計した値である．渇水年水資源賦存量は，1971年から2000年までの30年間の降水量の少ない方から数えて3番目の年における水資源賦存量を地域別に集計した値である．

工業用水は管理が厳しく，補給水と回収水で構成され，鉄鋼業で90%以上のリサイクルがある．その補給に淡水が利用されるが，渇水時には海水の利用があり，水質面での問題が発生する．

農業用水は，減反政策と土地改良事業があり，この30年以上にわたって，ほとんど変化していない．しかし，給排水構造はその規模や利用方法により変化が見られる．例えば，昭和50年　570億 m^3/年，昭和55年　580億 m^3/年，平成13年　570億 m^3/年である．水需給構造には，機械化，大規模化，減反，多種目化，などにより変化が生じている．

その他の用水としては，消・流雪用水，養魚用水，発電用水，などがある．

2.4　他の水源

最後に，残りの一般的水源について，その特徴をまとめておく．
- 湖，沼：　湖沼法で水量，水質が規制されており，保全が進んでいる．
- 地下水：　地下水法で規制されており，地盤沈下，地下水汚染が問題となっている．
- 下水処理水の再利用：　中水道として公共施設で用いられているが，コスト高で

普及が進んでいない．
- 雨水の都市内貯留： 中水道として公共施設で用いられているが，コスト高で普及が進んでいない．
- 海水の淡水化： 技術的には可能であり，中近東では積極的に用いられているが，日本ではコスト高で，普及していない．
- 森林の整備： 水源の保全という観点からはきわめて重要であるが，現場での人材と予算不足により，深刻な問題となっている．その利点としては，下記の点が考えられる．
  - ・水源の涵養
  - ・土砂流出の防止
  - ・洪水流出の抑止
  - ・自然環境の保全
- 河川水の開発状況：日本での河川水の開発（ダム建設）は昭和55年1800箇所（大ダム）あり，平成16年では2784箇所であった．海外と比較すると，ダム総貯水容量では73 m^3/人（ロシア 5455 m^3/人，アメリカ 3384 m^3/人，イギリス 70 m^3/人）で，水量的な余裕は少ないのが現状である．

■ 2.5 世界の水資源分布状況

2.5.1 世界の水資源利用

図2.4は地球規模での水収支を示したものである．図より世界の水資源賦存量は $(110.4 - 66.6 = 43.8 \times 10^3 \text{ km}^3)$ と推測できる．これを世界の人口で割ると一人当たり約 660 m^3/年となる．地域の水資源賦存量を比較すると（表2.1），ロシア，アメリカなどの広面積地域，氷河地域では賦存量が高く，小面積，少降水地域では少ないことが解る．表2.2は水利用特性をまとめたもので，先進国，開発途上国での違いがわかる．水洗トイレの普及，農業・工業での高度利用などがその要因であろう．日本は多

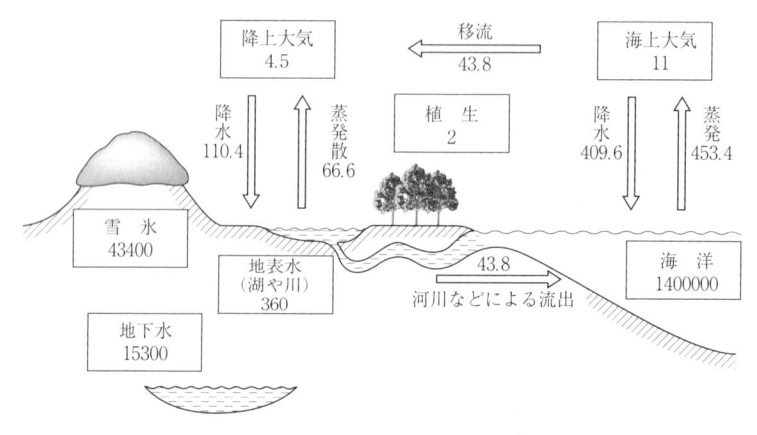

図 2.4 地球表層での水の量[4]

2.5 世界の水資源分布状況

表 2.1 水資源賦存量の比較

国	水資源賦存量（m³/人・年）
ロシア	30980
アメリカ	10837
イギリス	2465
日本	3337（≒イタリア，イラク）

表 2.2 世界の水利用特性

国	総量	生活用水	工業用水	農業用水	賦存量に対して
ヨーロッパ	497	70	228	199	13.9%
北アメリカ	652	71	71	315	18.2
アジア	2085	160	184	1741	58.4
アフリカ	161	17	10	134	4.5
南アメリカ	152	33	19	100	4.3
オセアニア	26	3	7	16	0.7
日本	107.8	16.3	129	56.8	20

いといわれているが，一人当たりの賦存量に直すと雨の少ない地中海や砂漠地域と同程度になる．また，水利用特性をみると総利用量のほぼ半分が農業用水であり，先進国と同程度である．アフリカ，南アメリカの開発途上国では賦存量に対する割合が極端に少なく，水資源管理施設の有効利用が求められる．

2.5.2 水資源分布の推定

蒸発散量より定量的に水資源量を推定しよう．蒸発散の推定には，Thornthwaite 法，Penman 法，Pristley-Taylor 法，Morton 法，などが存在するが，可能発散量，湿潤環境蒸発散量，実蒸発散量など算定される内容が異なっており，データの種類によって利用できる範囲が限定されている[5]．詳細な気象情報が得られない制限下での地球規模での推定を行うには，用いる気象水文資料が少なくてすむ Thornthwaite 法を適用する．ただし，Thornthwaite 法は可能蒸発散量を算定するもので，実蒸発散量が直接得られるわけではない．そこで，水収支を月単位で捕らえ，地下貯留量の変化を無視できないとして，可能蒸発散量と月平均降水量から実蒸発散量，地下貯留量の変化量，流出量を求める．Thornthwaite 法は次のように定式化されている[6]．すなわち，

$$Ep = 0.553 D_0 (10 T_i/H)^a \tag{2.1}$$

$$H = \sum_{i=1}^{12} (T_i/5)^{1.514} \tag{2.2}$$

$$a = (0.675 H^3 - 77.2 H^2 + 17920 H + 492390) \times 10^{-6} \tag{2.3}$$

H：熱指数　T_i：i 月の月平均気温（℃）　D_0：可照時間（hour/12；北緯 36°付近では月に応じて 0.85～1.21 の値が用いられる）

その結果，実蒸発散量は以下の手順で求められる．

$$\text{IF} \quad P_i < EP_i, \quad \text{THEN} \quad Ea_i = P_i - (S_i - S_{i-1}) \tag{2.4}$$

IF $P_i \geq EP_i$, THEN $Ea_i = EP_i$ (2.5)

IF $P_i \geq EP_i$, THEN $Ea_i = EP_i$ (2.6)

P_i：i月の降水量（mm/day 換算）　Si：i月の地下貯留量（mm/day 換算）　Ea_i：実蒸発散量（mm/day）　Ep_i：可能蒸発散量（mm/day）

全球で通常土壌の場合300mmを最大可能水分量（地下貯留量の最大値）として計算を進める．降水量が多い場合は，可能蒸発散量がそのまま実蒸発散量となり，少ない場合は，土壌水分量が減る，というものである．

図2.5は8月の実蒸発散量，図2.6は8月の流出量である[7]．月流出量を年間で合計したものが水資源賦存量ということができる．赤道付近の蒸発散量は周りに比べると高い値を示しており，8月の北半球の値は南半球より高いことがわかる．赤道付近とアジアの沿岸域以外では，流出量がかなり低い値となっており，世界の陸地で乾燥地域が広いことを示している．そのため，農業や生活のための灌漑事業の重要性が理解できよう．アフリカ大陸南西海岸付近を流れるベンゲラ海流，アフリカ大陸北東海岸付近を流れるカナリア海流，南アメリカ大陸西海岸付近を流れるペルー海流，アメリカ大陸西海岸付近を流れるカリフォルニア海流，オーストラリア大陸西海岸付近を流れる西オーストラリア海流などは，全て寒流であるが，年間を通して蒸発散量が少ない．気湿分布を見ると，内側に入り組んでおり周りより気湿が低く，蒸発散量の低さの原因ともなっているのであろう．

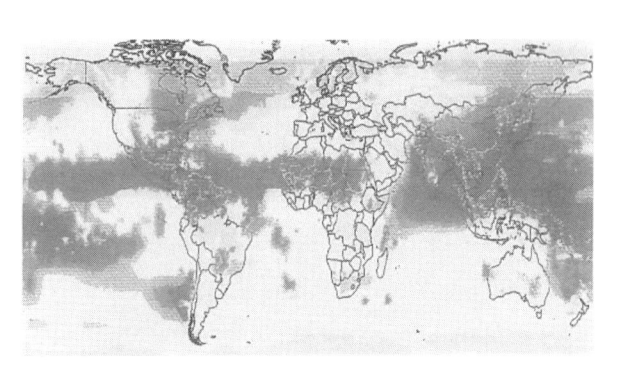

図2.5　全球での実蒸発散量（8月）

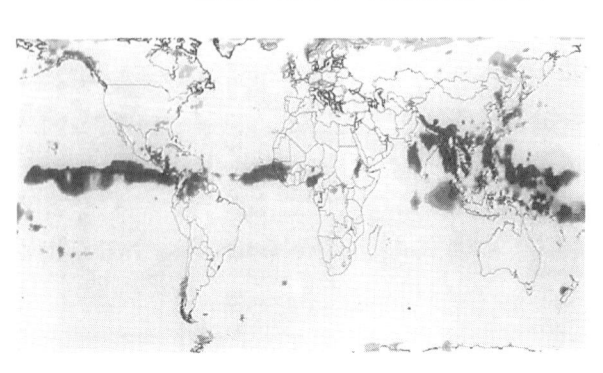

図2.6　全球での流出量（8月）

■ 2.6 流域水資源量の比較

　世界の河川流域は，その流域面積，勾配などの地形特性や気候，地質などの自然条件によって極めて多様である．さらに，流出特性も地域差がある．こうした背景のもと，流域の特性が異なる流域を相互比較する方法が，比較水文学である．この手法の適用対象流域として，アジア・太平洋地域の3流域を取り上げ概説しよう．

　まず，広義的に比較水文学を，"流域の自然条件と社会経済的条件を比較しつつ流域水循環に及ぼすそれらの条件の影響を考察し，流域の水文学的諸特性と類似度を比較研究によって明らかにする水文学の一分野" と定義する．

　この比較水文学研究を通して期待できる効果として以下のことが挙げられよう．すなわち，(i) 流出場の水文学的な特性を抽出し，各流域間の類似度を把握して信頼すべき過去の水文観測が不足する流域での水文パラメータの推定による流出分布を推測できる．(ii) 類似性のある流域から得られた知識と情報に基づいた他の流域の事象に関しても類推できる．(iii) 世界の水問題の克服に貢献できる．すなわち，その流域の特性を的確に捉まえることによって，流域の水資源問題の相違をより明確に認識できると考えられる．

　ここで，主観的判断とシステムアプローチをうまくミックスした手法の一つであるAHP（analytic hierarchy process：階層分析法）を応用して，流出の特性と流出場の複雑な関連性および各流域の気候特性と流出場の特性を定量化し，流域間の類似度を把握することができる[8]．AHPとは，1970年代にT. L. Saatyが提唱した不確定な状況や多様な評価基準における問題解決型意思決定手法である．まず，流出特性とそれに影響を及ぼす気候特性及び流出場特性の要素を決定する（図2.7）．気候特性要素

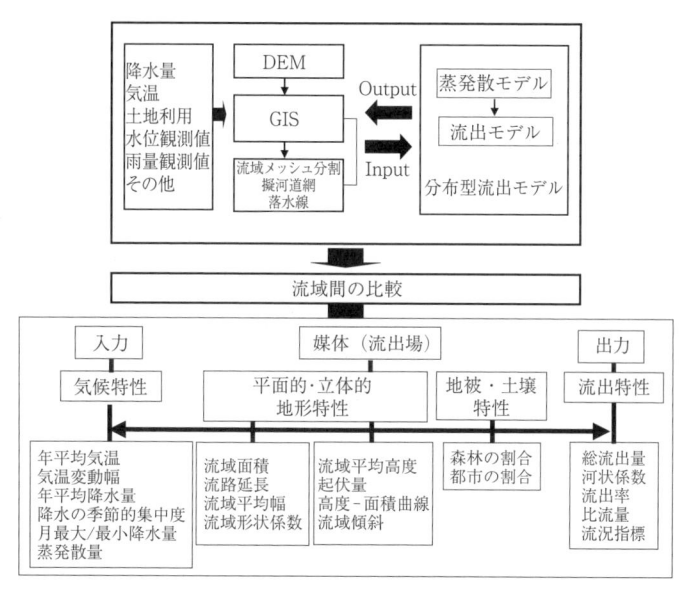

図2.7　比較対象要素とその関係

は分布型流出モデルの入力値，流出場特性要素は媒体値，流出特性は出力値である．

2.6.1 比較対象要素の規準化

異なる尺度の要素の値の相互比較を可能にするため各比較対象要素の値を規準化する．各要素に関して数値の変動範囲が0〜1の範囲になるように上限近傍値で除して無次元化する規準化を行う方法を提案する[8]．

各要素を規準化する式は以下に示す．

$$G_{ITEM} = \begin{Bmatrix} X_i/X_{iu} & (0 \leq G_{ITEM} \leq 1) \\ 1 & (X_i \geq X_{iu}) \end{Bmatrix} \tag{2.7}$$

X_i：各要素の値　G_{ITEM}：各要素の規準化された値　X_{iu}：各要素の上限近傍値

i) 気候特性：　気温変動幅は観測期間内月平均気温を平均化して，最大月平均気温と最小月平均気温の差を気温変動幅として示す．年平均降水量は時間的変化の傾向を調べる手段として長期間の平均値が用いられる．

ii) 平面的地形特性：　流域の面積は総流出量とピーク流量にとって最も重要な因子である．流域平均幅は流域面積を流路延長で除したものとする．

iii) 立体的地形特性：　高度分布を代表値であらわす場合には，流域中位高度や流域平均高度を用いる．

iv) 地被・土壌特性：　流出に影響を及ぼす地被・土壌特性としては，地質，土壌，土地利用（土地被覆）などがあり，比較要素として土地利用分類の中で森林の割合と都市の割合を選定する．

v) 流出特性：　分布型流出モデルを適用した結果から得られる流出の特性（年流出量，ピーク流量，低水流量など）を先と同様に規準化する方法を提案する（図2.8）．

比較対象地域としてアジア・太平洋地域の中で流域のスケールの差があり，既に測定値が比較的多く得られている日本の庄内川，韓国の琴湖川，および，またオーストラリアのパイオニア川を選び，流域間の特性を比較した（図2.9, 2.10, 2.11）．

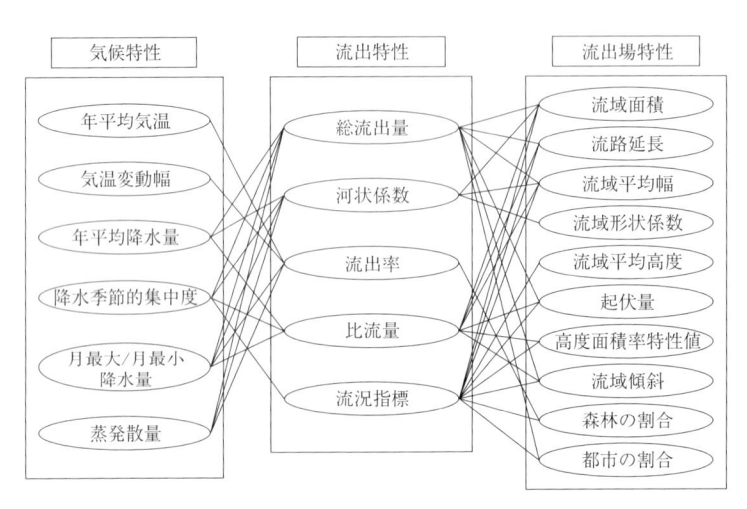

図2.8 比較対象要素の関連図

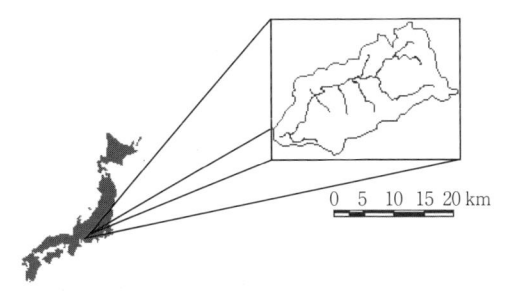

図 2.9　庄内川流域（日本）

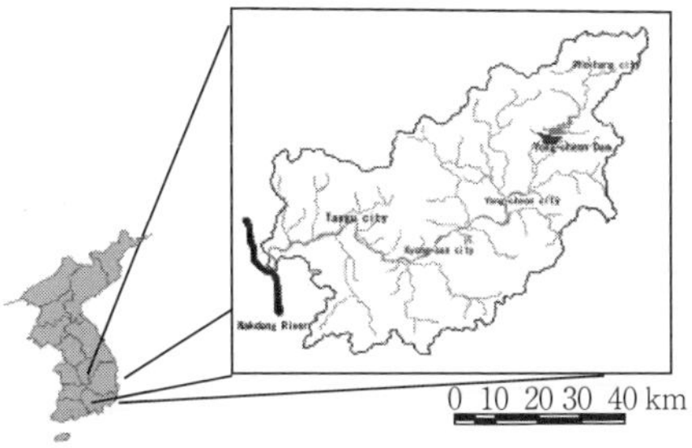

図 2.10　琴湖川流域（韓国）

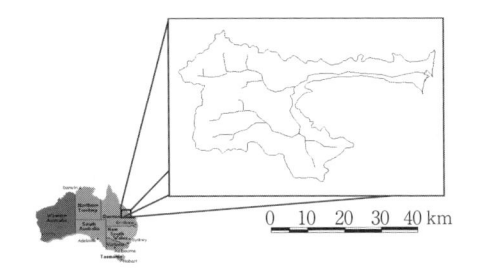

図 2.11　パイオニア川流域（オーストラリア）

2.6.2　流出場の特性比較

　降水量は，庄内川流域は年平均 1506 mm，琴湖川は 1144 mm，パイオニア川は 1512 mm である[9),10)]．相対的面積－高度曲線の占める面積は，庄内川が 0.45，琴湖川が 0.24，パイオニア川が 0.25 となって琴湖川はパイオニア川と非常に似ている傾向をみせている．庄内川は流域全体にわたって傾斜が均一で，琴湖川とパイオニア川の方が庄内川に比べて面積分布による起伏量が激しい．5年間の河川総流出量を平均化した年河川総流出量は庄内川流域が 6.02×10^8 m^3/年，パイオニア川流域が 12.87×10^8 m^3/年，琴湖川流域が 15.28×10^8 m^3/年を示して，総流出量は琴湖川が庄内川の約3倍の大きさとなった．庄内川流域の年降水量（1994～1999）は 1506 mm，琴湖川流域の年平均降水量（1995～1999）は 1144 mm，パイオニア川流域の年平均降水量（1993～1997）は 1512 mm であったので，年流出率は，それぞれ 0.61，0.65，0.57 である．

　パラメータを同定した分布型流出モデルから求めた最下流地点での流出量から，過去5ヵ年の平均豊水量は庄内川流域が 23.21 m^3/s，琴湖川流域が 42.02 m^3/s およびパイオニア川流域が 33.12 m^3/s である．平均渇水量は庄内川流域が 15.67 m^3/s，琴湖川流域が 11.24 m^3/s 及びパイオニア川流域が 6.48 m^3/s である．流況指標は庄内川流域が比較的低く，琴湖川流域とパイオニア川流域に比べ流況は治水および利水の両面において安定である（表 2.3 参照）．

　要素間の一対比較の一つの例として，表 2.4 に流出特性を表す指標の中で総流出量の観点から流出場の特性（平面的地形特性＋立体的地形特性＋土地利用特性）値を関連性の尺度として使い，要素間の一対比較を示す．表中の縦要素にある流域面積と横要素にある流域平均高度の 4 は，分布型流出モデルから計算された流出特性指標の中で，まず，各流域に対する規準化された総流出量の結果と規準化された流域平均高度

表 2.3 各流域の流況

流域	流況 (m³/s)				
	豊水	平水	低水	渇水	平均
Shonai	23.21	13.46	8.95	6.39	19.09
Geumho	42.02	27.83	16.25	4.34	48.45
Pioneer	33.12	16.72	9.18	2.91	40.81

の結果間の相関係数(総流出量と流域面積間の相関係数:0.99, 総流出量と流域平均高度間の相関係数:0.37 を求め, その相関係数の差が 0.62 なので前述の表により流域面積が流域平均高度に比べて相対的に総流出量に非常に関係がある "4" と判断したものである.

次に, 一対比較行列から, 要素間の重みを求めるために, 行列の各行の数字の幾何平均の総和を求める. 例えば, 流域面積に対する固有ベクトル(幾何平均)は $\sqrt{1 \times 2 \times 2 \times 5 \times 4 \times 2 \times 4 \times 2 \times 5 \times 4} = 2.76$ となり, 総流出量と関係のある 10 個の流出場要素の幾何平均値の総和は 13.04 となる. この 10 個の幾何平均値の合計(13.04)に対する流域面積の幾何平均値(2.76)の割合 0.21 が流域面積の重みとなる. 次に, 流出場の規準化値にそれぞれこの重みを付けて流域ごとに集約値を計算すると, 流出場特性の集約値は庄内川流域が 0.183, 琴湖川流域が 0.245, パイオニア川流域が 0.206 となる. このように総流出量の他の流出特性指標も同じ手法で一対比較を行い, 要素間の重みを計算して各流域において各特性別に集約する. 流出特性のそれぞれの気候特性, 流出場特性, 及び流出特性指標を一つに集約するために, 流出特性指標の観点からは同じ重要性をもっているので各流域特性の集約値を算術平均し, 集約値の差による各流域の総合的な類似度を求める. その結果, 気候特性においては庄内川とパイオニア川及び琴湖川とパイオニア川がかなり似ていて, 庄内川と琴湖川はやや似ている. 流出場においては三つの流域ともかなり似ている. 流出の特性は気候特性と同じように庄内川とパイオニア川及び琴湖川とパイオニア川がかなり似ていて, 庄内川と琴湖川はやや似ているといえる. この総合的な類似性から判断すると三つの流域とも

表 2.4 要素間の一対比較

縦要素＼横要素	流域面積	流路延長	形状平均幅	形状係数	平均高度	起伏量	高度面積率	流域傾斜	森林割合	都市割合
流域面積	1	2	2	5	4	2	4	2	5	4
流路延長	1/2	1	1	5	4	1	4	1	5	4
流域平均幅	1/2	1	1	5	4	1	4	1	5	4
流域形状係数	1/5	1/5	1/5	1	1/3	1/5	1/3	1/5	1	1/2
流域平均高度	1/4	1/4	1/4	3	1	1/4	1	1/4	3	2
起伏量	1/2	1	1	5	4	1	4	1	5	3
高度面積率特性値	1/4	1/4	1/4	3	1	1/4	1	1/4	3	2
流域傾斜	1/2	1	1	5	4	1	4	1	5	4
森林の割合	1/5	1/5	1/4	1	1/3	1/5	1/3	1/5	1	1/2
都市の割合	1/4	1/4	1/4	2	1/2	1/3	1/2	1/4	2	1

地形を含む流出場の特性はかなり似ているが気候特性の差が庄内川と琴湖川および庄内川とパイオニア川の流出特性に影響を及ぼしているのがわかる．

■ 演習問題

2.1 ある地点の流量（日平均流量）が下図のような分布になっている．

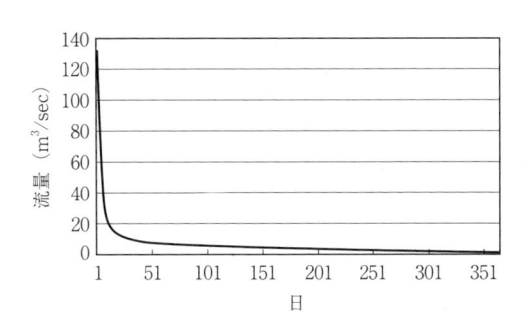

図よりこの流況特性を求めよ．

2.2 一般に利用されている，あるいは利用可能な水資源の種類をまとめよ．

2.3 次の都市における可能蒸発散量をThornthwaite法より計算せよ．記載の月平均気温を利用し，

月	1	2	3	4	5	6	7	8	9	10	11	12
Helsinki	-5.4	-6.0	-2.1	3.2	10.1	14.7	16.9	15.2	10.0	5.0	0.1	-3.5
Roma	8.4	9.0	10.9	13.2	17.2	21.0	23.9	24.0	21.1	16.9	12.1	9.4
Baghdad	8.5	11.5	16.2	21.8	27.8	32.0	34.2	33.2	29.8	23.4	15.2	10.0
Sao Paulo	22.5	22.8	22.0	20.1	18.0	16.6	16.2	17.3	17.8	19.3	20.5	21.7

可照時間は12時間とせよ．

■ 参考文献

1) 半田暢彦編：大気水科学から見た地球温暖化，名古屋大学出版会，1996．
2) 国土交通省土地・水資源局：平成16年版 日本の水資源－水資源に関する日本の課題，世界の課題－，61，2004．
3) 国土交通省土地・水資源局：平成16年版 日本の水資源－水資源に関する日本の課題，世界の課題－，60，2004．
4) 水文・水資源学会編：水文・水資源ハンドブック，水文・水資源学会，1997．
5) 武田喬男・上田 豊・安田延寿・藤吉康志：水の気象学，気象の教室3，東京大学出版会，1992．
6) 朝倉 正・関口理郎・新田 尚編：気象ハンドブック，朝倉書店，1995．
7) Kondoh, A., Harto, A. B., Eleonora, R. and Kojiri, T.：Hydrological regions in monsoon Asia. *Hydrological Processes*, **18**, 2004, 3147-3158.
8) 木下栄蔵：入門数理モデル－評価と決定のテクニック，日科技連，2001．
9) 朴 珍赫・小尻利治・友杉邦雄：流域水循環モデルを利用した比較水文学の提案，京都大学防災研究所年報，第44号 B-2，2001，477-489．
10) The UNESCO-IHP Regional Steering Committee for Southeast Asia and the Pacific：*Catalogue of rivers for southeast Asia and the pacific*, Vol. 1, 1995.

3 水資源計画の策定

■ 3.1 水資源計画の策定手順

　水資源計画は，その地域（または流域）の土地利用，地域開発，環境保全との調和を図らなければならない．すなわち，将来予測から来る土地地用，水需要がベースとなり，無駄のない水資源計画の提案が行われなければならない（図3.1参照）．流域総合管理において流域全体の計画方法が議論されるが，ここでは水利用計画が決定した後の施設（システム）計画に限定する．対象とする施設は，ダム，堰，など水を貯留する施設とその導水路，である．

　こうした水資源システムの策定は，大別して，(i) 必要な水需要，環境基準を制約として，(ii) 可能な建設地点，施設を対象とし，数理計画法で最適解を探索するスク

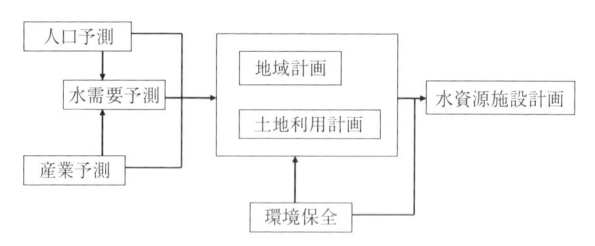

図 3.1 水資源施設計画の位置づけ

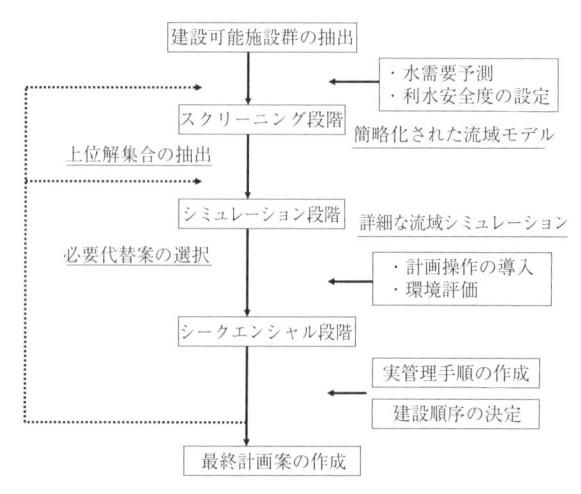

図 3.2 最適施設計画の策定手順

リーニング段階（混合整数計画法，実験計画法など），(iii) 流域内の水循環を詳細に把握し感度分析で最終解を決定するシミュレーション段階（分子限定法，感度分析法など），(iv) 限られた予算内で効率的に計画目的を達成するシークエンシャル段階（動的計画法，分子限定法など），(v) その後，計画時にも考慮されてはいるが，実時間での操作方針の作成，となる[1]（図3.2参照）．

具体的には，(i) では，産業連関表や人口予測，工業予測を元にした水需要予測や環境や水不足に対して確保したい安全度が制約として与えられる．(ii) では，地形や地質特性より選定された建設可能地点，施設群を対象とし，線形性を許容するが流域全体を考慮しうる最適化の定式化を行い，適切な数理計画法を用いていくつかの代表的な解を抽出する．(iii) では，抽出された施設計画に対して，出来るだけ詳細な水循環，水利用をシミュレートし，感度分析を通じて採用すべき計画を決定する．スクリーニング段階では流出，流下，水質，生態系など，流域を簡略化して表現しており，現実的な解でない場合もある．したがって，非線形性を重視したシミュレーションを通じて，水環境動態を把握した最適解を求めることができる．従来，貯水池計画であれば貯水池上流域，治水計画であれば基準地点間の流量から算定されていたが，流域全体のシミュレーションモデルを作成することにより流出分布や水質変動分布，生態系分布も推定され，総合的な水資源計画へと繋いでいくことができる．(iv) は建設順序の決定であるが，限られた予算内で，どこにどの程度の施設を作っていくのが効率的を求めるものである．施設の計画から完成，運用まで10年～20年かかる今日，個別建設や平行建設など工期中の被害や経済効率を考えなければならない．(v) 最後に，操作規則の作成であり，計画上の安全度を確保し実務者にわかりやすい手順をまとめるわけである．実時間で稼動することが不可能であれば，代替案を再考察することにもなる．

例えば，スクリーニング段階において，建設・管理費用を最小にする施設群の規模・配置計画は線形計画法により定式化することができる．

$$J = \sum_{n=1}^{N} fcc(n) + \sum_{n=1}^{N}\sum_{t=1}^{12} foc(t, n | n = constructed) \to \min \tag{3.1}$$

かつ　$fd(Q) \geq = 0$：水需要に関する制約

　　　$fr(Q) \geq = 0$：河川流量に関する制約

　　　$fs(S, V) \geq = 0$：貯水量の関する制約

　　　$fz(S, O, Q) \geq = 0$：その他の制約

$fcc(n)$：施設 n の建設費用　$foc(t, n | n = constructed)$：施設 n が建設された場合の管理費用　S：施設（例えば，貯水池）の貯水量　O：施設からの放流量　Q：取水地点流量　V：必要貯水池容量　$fcc(n)$：施設 n の建設費用　$fd(Q)$, $fr(Q)$, $fs(S, V)$, $fz(S, O, Q)$：水需要，河川流量，貯水量，その他（例えば，水質，生態系）の条件を表す関数　N：計画対象とする施設の総数．

曖昧な入力（水需要，水供給）に対しては，確率論，ファジィ理論などの導入が要

求される.

3.2 最適施設計画の定式化

図3.3のような施設計画のスクリーン段階を考えよう．水利用者A, B, Cの需要量を満足すべく貯水池1, 2, 3の建設と導水路の組み合わせを検討するものである．運転費用は，貯水池iの第t期の放流量を$O_i(t)$，需要地mへの導水量を$Q_{mi}(t)$とすると，$\left\{ O_i(t) + \sum_{m=A}^{C} Q_{mi}(t) \right\}$の関数形で表されるので，二乗に比例するとおけば式(3.2)のように定式化される．

$$fC_i(O_i, Q_i) = CC \cdot V_i + OC \sum_{t=1}^{12} O_i(t)^2 + OC \cdot L_{mi} \cdot \sum_{m=A}^{C} \sum_{t=1}^{12} Q_{mi}(t)^2 \tag{3.2}$$

CC：建設費用係数　OC：運転費用係数　V：貯水池の規模　L_{mi}：貯水池iと需要地mの距離

式(3.2)は非線形関数であり，第10章で述べる部分線形化を適用すると，

$$\begin{aligned}fC_i'(O_i, Q_i) = &CC \cdot V_i + OC^1 \sum_{t=1}^{12} O_i^1(t) + OC^2 \sum_{t=1}^{12} O_i^2(t) + OC^3 \sum_{t=1}^{12} O_i^3(t) \\ &+ OC^1 \cdot L_{mi} \cdot \sum_{m=A}^{C} \sum_{t=1}^{12} Q_{mi}^1(t) + OC^2 \cdot L_{mi} \cdot \sum_{m=A}^{C} \sum_{t=1}^{12} Q_{mi}^2(t) \\ &+ OC^3 \cdot L_{mi} \cdot \sum_{m=A}^{C} \sum_{t=1}^{12} Q_{mi}^3(t) \end{aligned} \tag{3.3}$$

の最小化問題となる．制約条件としては，

貯水池の連続式：$S_i(t) = S_i(t-1) - O_i(t) - \sum_{m=A}^{C} Q_{mi}(t) + I_i(t)$ (3.4)

貯水池容量：$V_i - S_i(t) \geq 0$ (maximum) and $S_i(t) \leq TS_i$ (minimum) (3.5)

水需要量：$\sum_{i=1}^{3} Q_{mi} \geq QD_m(t)$ (3.6)

河川維持用水：$O_i(t) \geq OD_m(t)$ (3.7)

となる．この線形最適化においては，決定変数はV_i, O_i, Q_{mi}であるが，放流量，導水量とも貯水池が建設されない場合には存在しない条件付の変数である．式(3.5)も容量と貯水量を同時に求める制約条件である．こうした複雑性を回避するため，貯水池の規模を仮定していくのが整数計画法や分枝限定法である．整数計画法では，貯水池の規模を$V_i^j (j=1, 2, 3)$の3段階を対象とすれば

$$\sum_{j=1}^{3} x^j = 1 \quad (x^j = 1 \text{ or } 0) \tag{3.7}$$

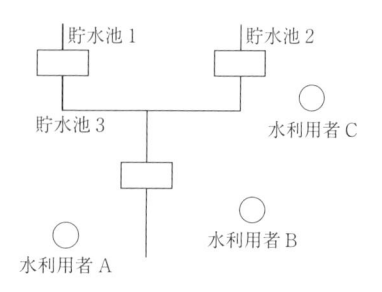

図3.3　最適施設計画の例

$$fC_i(O_i, Q_i) = CC \cdot \sum_{j=1}^{3} x^j V_i^j + OC \sum_{t=1}^{12} O_i(t)^2 + OC \cdot L_{mi} \cdot \sum_{m=A}^{C} \sum_{t=1}^{12} Q_{mi}(t)^2 \quad (3.9)$$

$$\sum_{j=1}^{3} x^j V_i^j - S_i(t) \geq 0 (\text{maximum}) \quad \text{and} \quad S_i(t) \geq TS_i(\text{minimum}) \quad (3.10)$$

の追加，変更がある．式（3.7）が貯水池の建設段階を表し，どれか一つを採用することを意味している．

続いて，シミュレーション段階より計画に用いるべき最適解が決定される．スクリーニング段階では最適解が選ばれるが，最適解の近傍の上位解（2位，3位）を保存しておく．最適解を含む上位解によりダム貯水池の配置と導水管が決まると，ダム容量をより細かくとりシミュレーションを通じて真の最適値を求める．すなわち，ダム容量を

$$V_i = V_i \pm \Delta V_i \quad (3.11)$$

と変化させ，目的関数値の変化量を

$$\Delta fCi'(Oi, Qi) = fCi'(Oi, Qi) - fCi''(Oi, Qi) \quad (3.12)$$

とおくと，最急降下法の概念を応用して改善された容量 V が

$$\max(\Delta fCi(O_i, Q_i)) \quad for \ V_i \quad (3.13)$$

で求められる．導水管の規模が変化する場合も同じようにシミュレーションによって決定することができる．

■ 3.3 多目的の場合の最適計画

3.2.1 多目的計画の概念

通常，複数の計画や制御目的がある場合，それぞれの目的間で競合が存在する．目的を $f_1, \cdots, f_p$ で表すと，次式のように定式化される[2]．

$$\min f(x) = \begin{bmatrix} f_1(x) \\ \cdot \\ f_p(x) \end{bmatrix} \quad subject \ to \ x \in X = \{x \in R^n\}, \ g(x) = \begin{bmatrix} g_1(x) \\ \cdot \\ g_m(x) \end{bmatrix} \leq 0 \quad (3.14)$$

ここに，$g(x)$ は制約条件である．必ずしも最小化である必要はなく，最大化やその混在型でもよい．ここで，解の存在（実行可能解）により次の3通りに分類される．すなわち，(i) 各々の目的で最適化が達成され，全体で唯一の最適解に到達する場合（完全最適解），(ii) ある目的を最適化すると別の目的が最適にならない場合（パレー

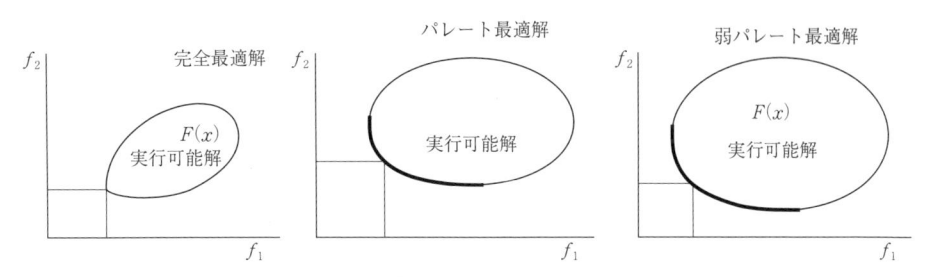

図 3.4 多目的の場合の解の種類

ト最適解），(iii) パレート最適解に準じているが，ある目的関数が最適解の時に，他の目的で幾つかの実行可能解が存在する場合（弱パレート最適解），である．完全最適解の場合は，明らかに満足できる解が存在するが，パレート最適解では，ある目的が改善されると他が悪化するという競合関係の存在を含んでいる（図3.4参照）．弱パレート最適解の場合には，他の目的の評価値そのままに維持してある目的を改善していくことが可能で，その部分を除くとパレート最適解に結びつく．結局，競合する複数の目的間でどのように合理的な解を求めるかが多目的解法ということができる．

3.2.2　多目的計画の解法

多目的計画の解法には，(i) 多目的を重みによる加重平均を行うスカラー最適化と(ii) 目的間の競合をそのまま考慮するベクトル最適化がある．前者は

$$\min \begin{bmatrix} f_1(x) \\ \cdot \\ f_p(x) \end{bmatrix} \Rightarrow \min \sum w_p f_p(x) \tag{3.15}$$

と表され，被害額の合計のように単一目的として取り扱うことができる．後者はパレート最適解（transformation curve：TC）を求めて，その中で合理的な最適解を決定することである．TCを求める方法として，(i) 実行可能解の中より探索する Weighting Method や Constraint Method, Adaptive Search がある．Weighting Method は目的間の重みを変えながら可能解を求めるものである．Constraint Method は一つだけの目的を対象とし，他の目的は制約条件として扱うものである．すなわち，

$$\min f_s(x)$$
$$\text{subject to } \begin{array}{l} f_j(x) \leq \varepsilon_j \\ g(x) \leq 0 \end{array} \tag{3.16}$$

となる．Adaptive Search は，ランダムに解を与え，TC上に乗っているかを調べるものである．また，(ii) 事前に目標（Goal）を決めておいて，実行可能解のなかよりそれに近づけていく方法がある．Goal Programming, Utility Function, 辞書式最適化，などである．それぞれ，

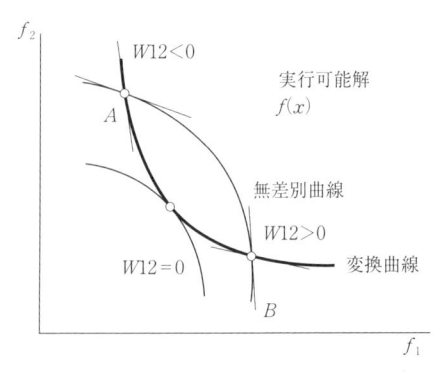

図3.5　SWT法での最適解決定の模式図

Goal Programming：$\min \|f^* - f(x)\|$ (3.17)

Utility Function：$\max U[f_1(x), \cdots f_p(x)]$ (3.18)

辞書式最適化：$\min f_1(x) \ x \in X \to \cdots \to \min f_i(x) \ x \in X_{i-1}$ (3.19)

と表示される．ここに，f^*は制御目標，Uは Utility Function であり，辞書式では，重要と思われる目的より最適化が進んでいくことを意味している．その他に，対話型最適化法として Interactive Method と Surrogate Worth Trade-off Method がある．前者は，Utility Function の形状より決めるものである．意思決定者間での議論が必要で，合意に到達するまで長時間を要する．後者は，パレート解上の1点でどちらに改良すべきかを検討するものである．

図3.5のW_{12}は Surrogate Worth Trade-off Method の代理価値関数といわれ，

$$W_{12}(f^*) = \lambda_{12}(f^*) - m_{12}(f^*)$$ (3.20)

で，$\lambda_{12}(f^*)$はf^*で接するTCの勾配，$m_{12}(f^*)$はf^*で接するIC（indifference curve：無差別曲線）の勾配である[3]．ICは目標値から等価と判定される実行可能解より構成されるものである．A点では，TC上の勾配がIC上の勾配より大きい負値をとるので，W_{12}は負となり望ましい点fはより大きい値を探索するようになる．B点では，逆にW_{12}が正となり最適点はより小さい値と推測される．このように反復計算が進み，$W_{12}=0$が目標値に最も近い最適点となる．

3.2.3 多目的計画法の適用例

目的として，低水と濁質制御を取り上げよう[4],[5]．すなわち，

低水：$P = \{Q_{ml}/Q_{md}\}$ under $P \geq 1 \to \max$ (3.19)

濁質：$D = \{C_{m\max}/C_{md}\}$ under $C \leq 1 \to \min$ (3.21)

Q_{ml}：地点mでの最低流量　Q_{md}：需要水量　$C_{m\max}$：地点mでの濁度の最大値　Cmd：濁度の許容値

と書ける．スカラー最適化では，最適化の方向（max or min）をそろえる必要があり，変更された目的関数として

第2濁質：$D' = \{C_{md}/C_{m\max}\}$ under $C \leq 1 \to \max$ (3.22)

を用い，

$J_{PD'} = \min\{Q_{ml}/Q_{md}, \ C_{md}/C_{m\max}\} \to \max$ (3.23)

で統一化できる．

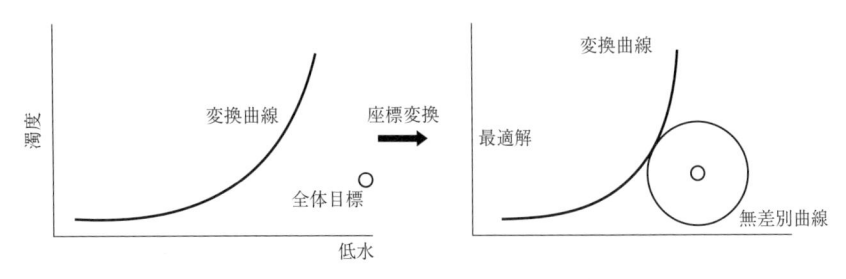

図3.6 2目的の場合の最適解の決定

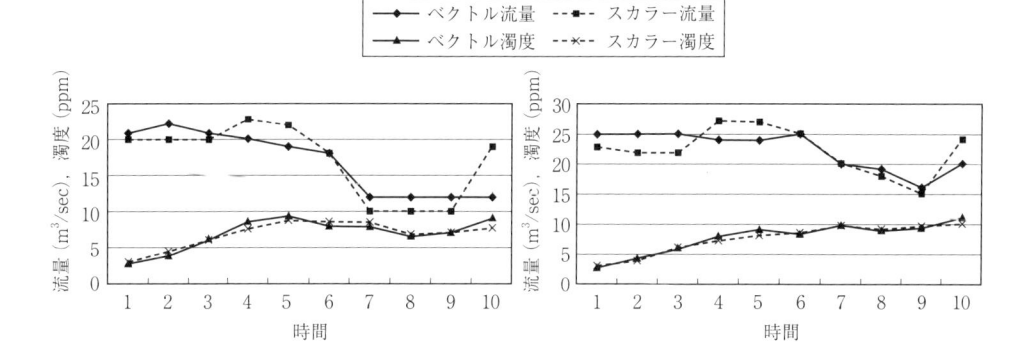

図 3.7 2地点におけるダム操作での適用例

一方，ベクトル最適化の場合，図 3.6 左図のような TC が描けるようになる．全体目標を仮定すると，そこより IC を求めて接点となる地点が最適解となる．目標から TC の両端までの距離が同じ重さ（評価値）であるとすると，この図形は，TC の両端を通り全体目標を中心する円が描けることになる（図 3.6 右図）．その結果，目標を中心より同心円を描いていき，TC との接点を最適値とするものである．

図 3.7 は，実ダム（単ダム-2 評価地点）での適用例で，動的計画法で最適系列の結果を 2 地点で比較したものである．両者には大きな相違はないが，ベクトル最適化の結果の方が，多少，平滑化が見られる．動的計画法での離散幅の取り方や濁質解析の方法に問題が含まれるが，相違はあるもののパレート解である以上はかなり好ましい状態になっていることの証でもある．

■ 3.4 水資源計画の評価

水資源開発は，建設による便益と補償で評価されてきており，従来，

$$\text{建設による便益} \geq \text{建設工事費} + \text{建設による損失} \tag{3.24}$$

で表現されてきた[6]．開発利益は

$$\text{開発利益} = \text{建設による便益} - (\text{建設工事費} + \text{建設による損失}) \tag{3.25}$$

となる．これを数式で表すと

$$B/C \geq 1 \quad \text{あるいは} \quad B - C \geq 0 \tag{3.26}$$

となる．ここに，B は便益，C は経費である．水資源施設は長期運用されるものであり，投資可能限度額（純便益の総額）は

$$FIA = \frac{BY - CY}{CR \times (1 + cr)} \tag{3.27}$$

BY：年効用　CY：年経費　CR：資本還元率　cr：建設利息率

補償としては，振動・騒音，漁業などの事業損失の妥協点は技術的，金銭的に可能であるが，宅地開発，水利用，自然，精神，生態系などの生活権，環境権に関しては，評価が困難である．すなわち，受益範囲，受益内容，受益目的が異なり，共通の議論

に到達していないのが現状といえよう.

■ 演習問題

3.1 スクリーニング,シミュレーション,スケジューリング段階の特徴をまとめよ.

3.2 土地利用計画や人口予測が,水資源施設計画に与える影響を論じよ.

3.3 堤防の許容流量を越えると危険度が1になり,平常流量のときは危険度が0である評価関数を設定せよ.ただし,危険度は流量に比例して増加する.

3.4 河川からの取水に関して,河川流量を $3\,\mathrm{m^3/sec}$ あるとき,取水後の本川での維持流量を $0.5\,\mathrm{m^3/sec}$ 以上,導水路での維持流量を $0.3\,\mathrm{m^3/sec}$,本川での最大疎通能を $2\,\mathrm{m^3/sec}$,導水路での最大疎通能を $2\,\mathrm{m^3/sec}$ とし,その便益が X_1(取水流量)$+2X_2$(本川流量)で得られるとき,便益を最大とする取水方法および便益を求めよ.

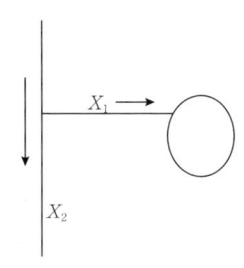

■ 参考文献

1) 土木学会:水理公式集[平成11年版],土木学会,1999,60-61.
2) Cohon, J. L. and Maarks, D. H.: A review and evaluation of multiobjective programming techniques. *Water Resources Research*, **102**, 1976.
3) Haimes, Y. Y., Hall, W. A. and Freedman, H. T.: *Multiobjective Optimization in Water Resources Systems-The Surrogate Worth Trade-off Method-*, Elsevier Scientific Publishing Company, 1975.
4) 池淵周一・小尻利治:水量・濁質制御に関するスカラー・ベクトル最適化手法の比較・考察,第16回自然災害科学総合シンポジウム,1979,199-202.
5) 高棹琢馬・池淵周一・小尻利治:ダム貯水池の多目的・多期間操作,第17回自然災害科学総合シンポジウム,1980,225-228.
6) 華山 謙・布施徹志:都市と水資源-水の政治経済学,鹿島出版会,1977.

4 利水安全度

■ 4.1 利水安全度の定義

　貯水池を始めとする水資源システムは，設定された安全度のもとで，計画高水，計画渇水を想定して設計されている．日本では，利水時の安全度は1/10（10年に一回の渇水を許容）で設計されているが，その実態は1/3程度でしかない．しかし，入力となる降水−流量分布には不確定な要素が多く，かつ，水利用形態も時間的・空間的に変化しており，システムの対応しうる安全度，特に，気候変動による影響を考慮する必要がある．そこで，安全度を物理的あるいは経済的指標として定式化を行い，評価の数値化を図る．

　安全度に対応する指標であるが，従来，過去20年間で第2位の渇水流況（あるいは30年間で第3位）を用いていた．すなわち，「1年を通じて355日これを下回らない流量である渇水流量」を用いて，それに対応する流況が採用されることになる．この考えは，洪水で用いられる水文統計での毎年最大値（あるいは最小値）理論が応用されている．観測して得られた一組のn個の渇水流量が存在すると，大きさの順に並べたものを順序統計量

$$x_1 \leq x_2 \leq \cdots \leq x_i \leq \cdots \leq x_n$$

という．ここで，i番目の順序統計量の非超過確率は，

$$\text{Hazen plot}：FH(x_i) = (2i-1)/n \tag{4.1}$$

$$\text{Thomas plot}：FT(x_i) = i/(n+1) \tag{4.2}$$

で与えられる．したがって，n年間の渇水流量x_iをとると，非超過確率0.1（10年に1回）に対応するiを求めればよい．もちろん，確率密度関数を当てはめて求めることもできる．確率密度関数としては，一般に正規分布を用いられる場合が多いが，負値の発生に問題があり，期間を限定した正規分布や対数正規分布，ピアソン分布，などが使われている[1),2)]．

$$\text{正規分布}：\frac{1}{\sqrt{2\pi}\sigma} \exp\left\{-\frac{1}{2}\left(\frac{x-\mu}{\sigma}\right)^2\right\} \tag{4.3}$$

　　　　　μ：平均値，σ：標準偏差

$$\text{対数正規分布}：\frac{1}{\sqrt{2\pi}\varsigma} \exp\left\{-\frac{1}{2}\left(\frac{\ln x - \lambda}{\varsigma}\right)^2\right\} \tag{4.4}$$

4.1 利水安全度の定義

λ：平均値，ς：標準偏差

ワイブル分布[2]：$\dfrac{\alpha}{m}(x-b)^{1/m-1}\exp\left\{-\alpha(x-b)^{1/m}\right\}$ (4.5)

$\alpha>0,\ 1>m>0,\ x>b$

ピアソンIII型分布[3]：$\dfrac{1}{|a|\Gamma(b)}\left(\dfrac{x-c}{a}\right)^{b-1}\exp\left(-\dfrac{x-c}{a}\right)$ (4.6)

a：尺度母数 $if\ a>0,\ c\leq x<\infty,\ if\ a<0,\ -\infty<x\leq c$

b：形状母数

c：位置母数

$\Gamma(b)$：ガンマ関数

ガンベル分布[2]：$\dfrac{1}{a}\exp\left[-\dfrac{x-c}{a}-\exp\left(-\dfrac{x-c}{a}\right)\right]$ (4.7)

a：尺度母数

c：位置母数

具体的な利水システムの安全度は，図4.1に示すように渇水の発生状況で表現することができ，(i) 起こり難さ，(ii) 長さ，(iii) 厳しさ（強さ），(iv) 被害額となる．渇水の起こり難さは渇水頻度として報告されることがあり，その流域の一般的な信頼性指標と判断される．渇水の長さと厳しさは，その内容を示すものであり，対策（施設計画）に関する必要量が提示される．渇水期間は長いが厳しさが弱いのがよいか，渇水期間は短いが厳しい方をとるかは精神面を入れた多目的評価が必要となる．従来の利水計画では，計画年の渇水流況に対して，渇水現象を回避できる水貯留の規模決定，あるいは導水施設設計が行われる．

続いて，流入量が離散的確率マトリクス $PQ=[pq_0,\cdots,pq_I]^t$ で表されると，(i) の起こりにくさは非発生確率となり

$$OP=\sum_{i\geq Q^*}pq_i \qquad (4.8)$$

と書ける．ここに，pq_i は流量確率マトリクスにおけるレベル i の流量確率，Q^* は必要流量（または需要量）のレベルを表す．OP は各時間で算定されるので，その最小値を全体の評価値とすることもできる．同様に (ii) の渇水の長さは

$$DL=\dfrac{\sum_n DL_n}{N} \qquad (4.9)$$

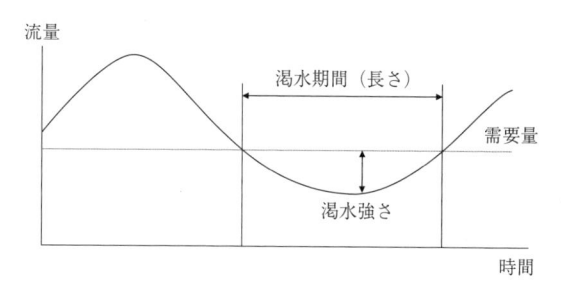

図 4.1 渇水現象の評価

となる．ここに，DL_n は n 番目の渇水の長さ，N は全体の渇水回数である．(iii) の厳しさは，1回の渇水によってもたらされる水不足の割合とみなすことができるので

$$DS = \frac{\sum_n DR_n}{N} \tag{4.10}$$

となる．ここに，DR_n は n 番目の水不足の割合を意味している．最後の (iv) 被害額は，渇水によってもたらされる瞬時の被害と全体の被害があり，それぞれ，

$$DAS = \max\{U(DR_n)\} \tag{4.11}$$

$$DAA = \sum_n U_n(DR_n) \tag{4.12}$$

となる．ただし，$U_n(\ )$ は被害関数である．橋本等は利水安全度を物理的指標として，Reliability, Resiliency, Vulnerability と定義した[4]．小尻等はこうした指標を日本語に翻訳するとともに，以下のように再定義した[5]．すなわち，Reliability は信頼度と呼び，渇水の非発生確率そのものとした．Resiliency は回復度と訳され，

$$RES = \frac{\sum_{i<Q^*,\ j\geq Q^*} pq_{ij}}{\sum_{i<Q^*,\ and\ all\ j} pq_{ij}} \tag{4.13}$$

と定式化した．ここで，pq_{ij} は同時生起確率マトリクスの要素で，時点 t での流量レベルが i，時点 $t+1$ での流量レベルが j となる確率を表している．この分子，分母に解析対象期間 TE を乗ずると，分母は

$$\sum_{i<Q^*,\ and\ all\ j} pq_{ij} \cdot TE = \sum_{i<Q^*} pq_i \cdot TE \tag{4.14}$$

となり，渇水期間の期待値に相当する．また，分子は

$$\sum_{i<Q^*,\ j\geq Q^*} pq_{ij} \cdot TE \tag{4.15}$$

となり，[渇水と非渇水]事象の発生回数，すなわち，渇水から非渇水への移行回数，さらに言い換えると，渇水回数ということができる．結局，回復度は

$$RES = 1/(渇水期間/渇水回数) = 1/(平均渇水期間) \tag{4.16}$$

である．Vulnerability は深刻度と訳され，

$$VUL = \sum_{i<Q^*} \{(Q^* - i)/Q^*\}^w \cdot pq_i \tag{4.17}$$

で定義されている．$w=1$ は不足％日の期待値で，関数形に応じて，厳しさや被害額となる．

■ 4.2 利水システムのモデル化

4.2.1 利水システムの基本ユニット

利水安全度を確率値で求めることができたので，流量が単純マルコフ過程に従う確率マトリクスの場合の流量，水質濃度の確率を算定しよう．いま，水の取排水構造より，複雑な水資源システムは次のように表現できる[6]．

(1) 水利用者による水量，水質の変化は，$\boldsymbol{Q_1}$ と $\boldsymbol{C_1}$ をそれぞれ水量，水質の確率入

力マトリクスとすると，出力マトリクス Q_2, C_2 は次のようになる．

$$Q_2 = Q_1 \cdot A \tag{4.18}$$

$$A = [a_{ij}] \quad \sum_j a_{ij} = 1 \tag{4.19}$$

$$C_2 = C_1 \cdot H \tag{4.20}$$

$$H = [h_{ij}] \quad \sum_j h_{ij} = 1 \tag{4.21}$$

ここに，ここに，A は還元マトリクスで a_{ij} は入出力間のつながりを意味し，流入量（入力）レベルが $q_1 = i$ の時，流出量（出力）レベルは $q_2 = j$ となる．h_{ij} も同様に，入力水質濃度レベルが $c_1 = i$ の時，出力水質濃度レベルは $c_2 = j$ となる．

(2) 処理施設では，処理後の水質濃度 C_2 は処理マトリクス B を用いると，次のようになる．

$$C_2 = C_1 \cdot B \tag{4.22}$$

$$B = [b_{ij}] \quad \sum_j b_{ij} = 1 \tag{4.23}$$

(2) 取水施設では，取水マトリクス R と非取水マトリクス R' を用いると取水流量 Q_2 と本川流量 Q_3 が求められる．

$$Q_2 = Q_1 \cdot R \tag{4.24}$$

$$R = [r_{ij}] \quad \sum_j r_{ij} = 1 \tag{4.25}$$

$$Q_3 = Q_1 \cdot R' \tag{4.26}$$

$$R' = [r'_{ij}] \quad \sum_j r'_{ij} = 1 \quad r'_{ij} = 1 - r_{ij} \tag{4.27}$$

ここに，r_{ij}, r'_{ij} は，取水方法を表すマトリクスの要素で和が1となる．変換マトリクス A, H, B, R はそれぞれ図4.2のように表すことができる．

(3) 評価地点の安全度評価

安全度評価の算定例として，図4.3に示す簡単なシステムを取り上げよう．最上流地点の流量の生起確率ベクトルを Q_{0-0}，単位マトリクスを E とすると，評価地点1での条件付生起確率は

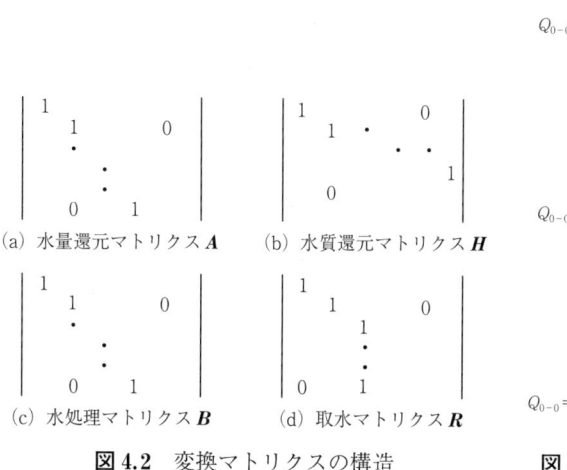

(a) 水量還元マトリクス A 　　(b) 水質還元マトリクス H

(c) 水処理マトリクス B 　　(d) 取水マトリクス R

図 4.2 変換マトリクスの構造　　**図 4.3** 利水システムの配置例

$$Q_{0-1} = E \cdot Q_{0-0} \tag{4.28}$$

となり，評価地点2,3では，それぞれ，

$$Q_{0-2} = E \cdot Q_{0-0} \cdot R \cdot A \tag{4.29}$$
$$Q_{0-3} = E \cdot Q_{0-0} \cdot R' \tag{4.30}$$

となる．合流後の評価地点4での流量の条件付確率 $\boldsymbol{Q_{0-4}}$ の要素は次の乗算により求められる．

$$a4_{ij} = \sum a_{i-k\,j-k} \cdot pq1_{ii-k} \tag{4.31}$$

水質に関しても，完全混合過程を仮定すると，下流側の水質は上流側の水量と水質に依存するので，前もって最上流の地点0の流量と評価地点 n の水質の条件付確率マトリクス C_{10-n} を求めておかなければならない．また，地点0での水量・水質の条件付確率マトリクス QC_0 を用いると，評価地点0で水量レベル i に対する評価地点 n の水質の確率マトリクスは

$$QC_{i0-n} = QC_{i0} \cdot C_{i0-n} \tag{4.32}$$

となる．時刻 t における最上流地点0での水量の生起確率マトリクスを $Q_0(t)$ と再定義すると，評価地点 n での水量，水質の生起確率は次のようになる．

$$Q_n(t) = Q_0(t) \cdot Q_{0-n} \tag{4.33}$$
$$C_n(t) = Q_0(t) \cdot C_{0-n} \tag{4.34}$$

4.2.2 ダム貯水池の安全度評価

ダムへの流入量を $I(t)$，流出量を $O(t)$，貯水量を $S(t)$ とすると，貯水池内の連続式は，

$$\begin{aligned} &S(t+1) = S(t) - O(t) + I(t) \quad \text{if } S_{\max} \geq S(t) - O(t) + I(t) \geq S_{\min} \\ &Otherwise \quad S(t+1) = S_{\max} \text{ or } S_{\min} \end{aligned} \tag{4.35}$$

となる．ここに，S_{max} は有効貯水池容量，S_{min} は利用可能最小貯水量である．流出量を各時間の初期貯水量の関数とし，放流マトリクス D は一定率放流ルールに従うとすると，

$$\begin{aligned} d_{im} &= 0 \quad \text{if } i \neq m \text{ and } i \leq QO^* \\ &= 1 \quad \text{if } i = m \text{ and } i \leq QO^*, \text{ or } i \neq m \text{ and } i > QO^* \end{aligned} \tag{4.36}$$

である．ここに，QO^* は放流量が一定量となる流入量である．故に，ダム貯水池の変換確率マトリクス $PS(t)$ は時刻 t と時刻 $t+1$ における流量の条件付確率マトリクスより求められる．すなわち，その要素は

$$ps_{ij}(t) = pqi_{j-i+m} \quad \text{if } S_{\min} \leq j < S_{\max} \tag{4.37}$$
$$ps_{ij}(t) = \sum_{k=S_{\max}-i+m} pqs_k \quad \text{if } j = S_{\max} \tag{4.38}$$

となる．ここに，m は $\sum_m d_{im} = 1$ を満足し，$ps_{ij}(t)$ は時刻 t での貯留変換マトリクス $\boldsymbol{PS}$ の要素，は流入マトリクスの要素である．結局，貯留量と放流量の生起確率は

$$PSS(t+1) = PSS(t) \cdot PS(t) \tag{4.39}$$

$$PSO(t) = PSS(t) \cdot D(t) \tag{4.40}$$

ここに，$\boldsymbol{PSS}(t)$，$\boldsymbol{PSO}(t)$ は，連続する2期間における貯水量，放流量の同時生起確率を表し，$\boldsymbol{PSO}(t)$ の要素は，次式より算出される．

$$pso_{ij}(t) = \sum_{k,m} pss_k(t) \cdot ps_{km}(t) \tag{4.41}$$

ダムからの放流量を下流の利水システムへの入力とすると，各評価地点の安全度が求められる．

4.2.3 流入量確率マトリクスの算出

気候変動の影響を考慮するため，流入量確率マトリクスの応答を検討しよう．月単位での操作を対象とし，ダム貯水池への流入量（当期の流量）が，前期の流量，当期の降水量，当期の蒸発散量の関数で表されるとする．すなわち，

$$QI(t) = e_1 \cdot QI(t-1) + e_2 \cdot RA(t) - e_3 \cdot EV(t) \tag{4.42}$$

ここに，$\boldsymbol{QI}(t)$ は t 期におけるダム流域流出量（＝貯水池流入量），$\boldsymbol{RA}(t)$ は降水量，$\boldsymbol{EV}(t)$ は蒸発散量，e_1, e_2, e_3 は係数である．

最初に，蒸発散が無視でき，降水量が時間的に独立な場合を考えよう．流量，降水量の生起確率を，$QI(t-1) = [pqi_0(t-1), \cdots, pqi_l(t-1)]^t$，$RA(t) = [pra_0^t(t), \cdots, pra_m(t)]^t$ で表すと，$t-1$ 期と t 期の流量同時生起確率マトリクス $\boldsymbol{PQQI}(t)$ は次のようになる．

$$pqqi_{ij}(t) = \sum_m pqi_i(t-1) \cdot pra(t) \tag{4.43}$$

したがって，条件付確率 $\boldsymbol{PQQI}(t)$ は

$$pqqi_{ij}(t) = \sum_m pra_m^t(t) \tag{4.44}$$

となる．次に，蒸発散が無視できないが，降水量，流量とは無相関とみなすと，流量の同時生起確率 $\boldsymbol{PQQI'}$ の要素は

$$pqqi'_{ij}(t) = \sum_n \sum_m pqi''_i(t-1) \cdot pra_m(t) \cdot pev_n(t) \tag{4.45}$$
$$(j \leq a1i + a2m - a3n < j+1)$$

で求まる．また，条件付確率 $\boldsymbol{CQQI'}(t)$ は $cqq'^t_{ij} = \sum_n \sum_m pra_m^t pev_n^t$ となる．

さらに，降水量が時間従属であれば，t 期と $t-1$ 期の降水量に1次マルコフ性があるとして，$\boldsymbol{RA}(t)$ は条件付確率

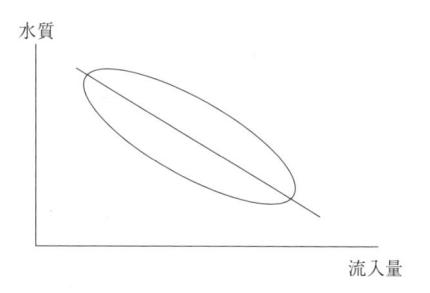

図 4.4 水量と水質の相関（概略）

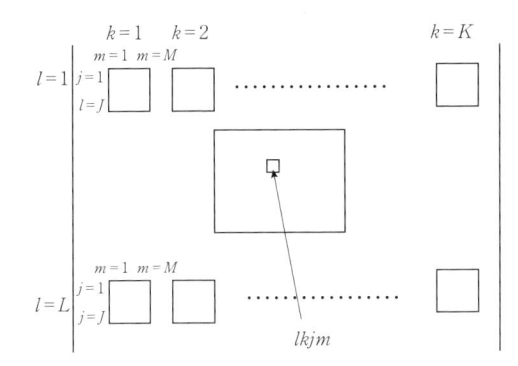

図 4.5 貯水池内水質の遷移マトリクス

$$PRRA(t) = \Pr[RA(t)|RA(t-1)] \tag{4.46}$$

で表現される．まず，$t=1$ 時点の $\boldsymbol{QI(0)}$ が与えられると，流量の同時生起確率 $\boldsymbol{PQQI''(t)}$ の要素は

$$pqq''^1_{ij} = \sum_n \sum_m \sum_u poq^0_i crra^1_{um} pev^1_n \quad (j \leq a1i + a2m + a3n < j+1) \tag{4.47}$$

となる．ただし，$crra^1_{um}$ は $\boldsymbol{PRRA(1)}$ の第 m, u 要素である．続いて，時点2での同時生起確率は，前時点の結果を利用して

$$pqq''^2_{ij} = \sum_{n2} \sum_m \sum_u \sum_v pqq''^1_{vi} crra^2_{um} pev^2_{n2} \tag{4.48}$$

より得られる．これを繰り返し行い，任意の時点までの条件付確率マトリクスが得られる．

次に貯水池内の水質の遷移過程を考えよう．対象要素にはBODを用い，流入量 $QI(t)$ と流入濃度 $CI(t)$ の関係を図4.4のようおくと，同時生起確率は

$$PQC_{iv}(t) = [QI(t), \ CI(t)] = [pqc_{iv(t)}] \tag{4.49}$$

となる．貯水池内の水位変化を完全混合モデルとすると，t 期での貯水池内の濃度を $CS(t)$ とおけば，$t+1$ 期の濃度は

$$CS(t+1) = \frac{CI(t)QI(t) + CS(t)S(t)}{S(t+1)[=S(t)+QI(t)-QO(t)]} \tag{4.50}$$

で得られる．さらに，t 期の貯水量と濃度の同時生起確率を

$$DCS(t) = [S(t), \ CS(t)] = [pscs_{ij}(t)] \tag{4.51}$$

とすると，貯水池水質の遷移確率マトリクスは

$$PCS(t) = [\{S(t), \ CS(t)\}, \{S(t+1), \ CS(t+1)\}] = [pcsd_{ikjm}(t)] \tag{4.52}$$

と定義することができる．実質的には，4次元のマトリクス（図4.5参照）において，要素 $pcsd_{ihjm}(t)$ は，t 期と $t+1$ 期の貯水池レベルが決まれば放流量 $QO(t)(=k)$ が得られるので，逆算される流入量 $QI(t)(=l)$ より求められることになる．t 期の水質レベル $CS(t)$ も決定されるが，t 期の流入水質レベル v は可変の未知数となる．故に，$t+1$ 期の水質 $CS(t+1)$ を満たす水質レベル v の要素の和（次式を満たす v）が $pcsd_{ihjm}(t)$ となる．

$$m-1 < \frac{i \cdot v + j \cdot l}{k} \leq m \tag{4.53}$$

■ 4.3　計算による利水安全度の検証

任意のダムでの安全度評価手順を検証しよう．まず，流入量の時間単位に半旬を採用し，冬期，夏期とその遷移期で計算を行った．水量レベル単位は $5.0\times10^4\mathrm{m}^3$，離散数10とする．図4.6，4.7は必要流量レベルを4，7としたときの信頼度と深刻度（$r=1.0$）の推移である．初期貯水量を空状態にしたので，初期の信頼度は0である．必要流量レベルが4では，1年を通して高い信頼度が得られている．深刻度は信頼度に対応して変化している．ところが，必要レベルを上げると，流入量の少ない夏期から冬期への移行期では信頼度が極端に減少し，さらに必要レベルを上げると信頼度は低くなり，必要流量レベルが貯水容量の水量レベルを超えると信頼度は0となることが想定できる．一方，深刻度は必要流量レベル4ではほとんどみられない．必要流量を上げると深刻度は高くなるが，1にはならない．これは，深刻度が異常値の期待値として与えられているためであろう．安全度が定常になったところが，その利水システムの脆弱性（robustnessあるいはfragility）といえ，水需給に関する応答特性を加味したシステム設計の指標となろう．

■ 4.4　形状を考慮した発生確率

渇水流況を評価する一つの方法として，年間の総流量を用いることも考えられるが，流況の変動も加味するには形状全体を考慮しなければならない．すなわち，総流量と同じ流量パターンでの形状の異常性である．数式で表すと，発生確率は

$$PC_i = Ph_i \times PD_{ij} + PS_j \tag{4.54}$$

となる．ここに，PC_i は流況 i としての発生確率，Ph_j はパターン j（ほぼ同じ総流量の集合），PD_{ji} はパターン j で流況 i の発生確率，PS_j はそのパターンより少ない流況全体の発生確率で

$$PS_j = \sum Ph_{j'} \tag{4.55}$$

で示される．そのパターンにおける対象とする流況の非超過確率を確率密度関数より

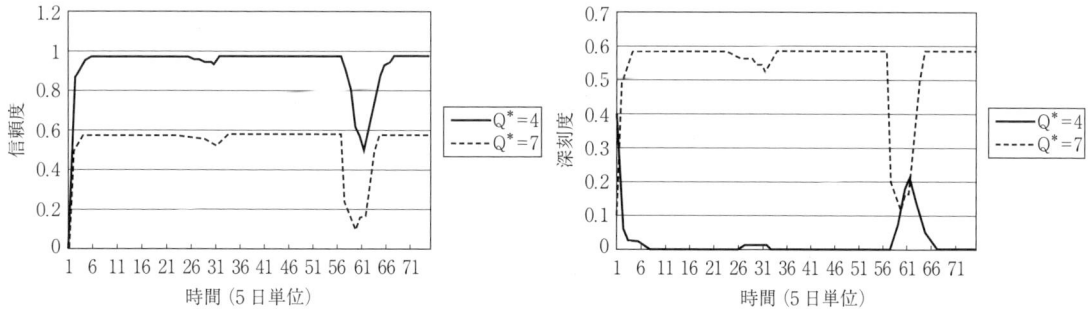

図4.6　信頼度系列の比較　　　　　　　　**図4.7**　深刻度系列の比較

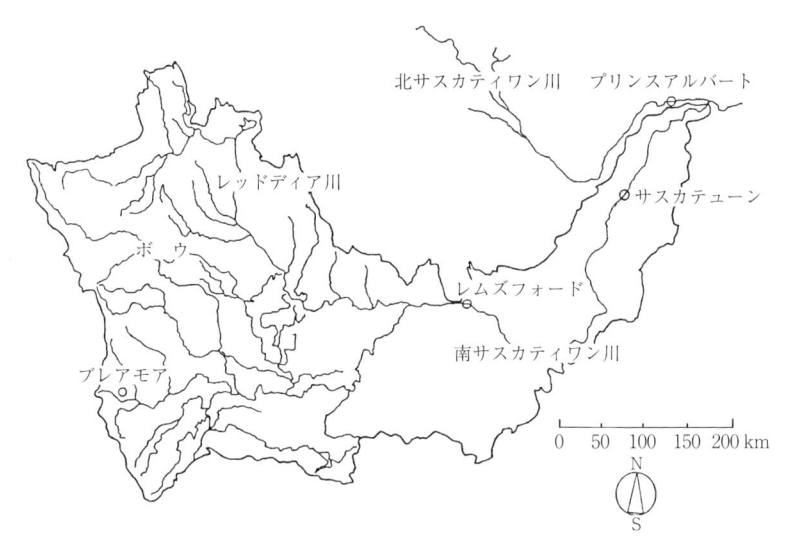

図 4.8 南サスカティワン川の概要

Pd_j で与えると，当該流況より総流量が少ない流況の非超過確率の和を Pq_j とすると，PD_{jj} は両者の積となり

$$PD_{ji} = Pd_j \cdot Pq_j \tag{4.56}$$

で求められる[7]．1988年のカナダ（南サスカティワン川，図4.8）での渇水評価を行おう[8]．70年間の流況を8パターンに分類し，発生確率の算定を行った．基準地点レムズフォードでは，Pd は0.3302，パターン内での非超過確率 Pq は0.0752，パターンの発生確率は0.84，当該パターンより少ない総流量の発生確率の和は0.08となり，対象流況の発生確率は0.1009，再起期間9.9年である．総流量だけで計算する従来の方法では，非超過確率が0.0952，再起期間は10.5年となり，流況として取り扱う重要性が理解できる．

■ 演習問題

4.1 ここに日本のある観測地点での年最大2日降水量が28年分ある（単位 mm）．（洪水と渇水は同じように考えてよい）

 i) 順序統計量に並べなおせ．

  183.0 98.5 164.5 116.0 240.5 86.0 181.5 112.5 189.5 169.5 135.5 113.0 89.0 72.0 81.5
  110.5 96.0 91.5 257.0 105.5 101.0 114.5 113.0 172.5 84.0 144.0 116.0 120.0

 ii) トーマスプロットでその確率 $FT(X_i)$ を求めよ．

 iii) 資料の平均，標準偏差を求めよ．

 iv) 正規分布と仮定して，降水量が86.0, 144.0, 240.0 mm の時の非超過確率を求め $FT(X_i)$ と比較せよ．

4.2 データの平均値，標準偏差が μ, σ であり，データを対数変換した場合の平均値，標準偏差が，λ, ς とする．それぞれ正規分布，対数正規分布に従うとした時の関係式を求めよ．

4.3 流況が次のようになっている．月ごとに5日平均流量に換算したもので，31日ある場合でも6

半旬で計算している.
i) 必要水量を 10 m³/sec を与えて回復度を求めよ.
ii) 必要水量を 7 m³/sec とした場合の回復度を求めよ.

3.05	3.8	4.91	5.65	7.2	7.87	5.84	8.94	7.45	36	7.09	6.3	15.54	21.67	9.94
21.43	20.4	18.35	13.6	12.39	9.78	7.44	14.08	8.04	5.39	4.03	4.7	6.71	7.51	5.42
6.47	4.16	3.52	4.59	9.78	25.2	10.62	5.99	3.9	2.94	3.66	4.28	2.72	3.65	3.09
3.77	2.4	1.84	2.21	1.72	43.23	11.67	11.85	6.33	11.47	9.92	7.16	4.82	11.54	11.82
58.65	11.02	6.38	8.44	8.59	5.46	4.4	4.13	4.1	3.8	3.75	3.37			

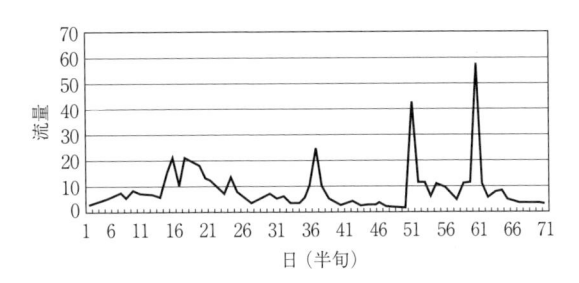

4.4 被害関数として,i) 不足%Day の和,ii) 不足%Day の自乗の和,が用いられるときがある.定式化は以下のとおりである.演習問題 4.2 において必要水量を 10 m³/sec とした場合の被害額を求めよ.ただし,被害額は日で与えられているとして,1年分に換算せよ.

不足%Day の和:$\sum_{i<Q^*}\{(Q^*-i)/Q^*\}$

不足%Day の自乗の和:$\sum_{i<Q^*}\{(Q^*-i)/Q^*\}^2$

■ 参 考 文 献

1) 例えば 佐和隆光:初等統計解析-改訂版,新曜社,1985.
2) 春日屋伸昌:水文統計学概説,鹿島出版会,1986.
3) 水文・水資源学会編:水文・水資源ハンドブック,朝倉書店,1997,242-244.
4) Hashimoto, T., Stedinger, J. and Loucks, D. P.:Reliability, resiliency and vulnerability criteria for water resources system performance evaluation. *Water Resources Research*, **18**, 1982, 14-20.
5) 小尻利治・池淵周一・飯島 健:利水システムの安全度評価に関する研究,第 381 号/II-7,1987.
6) Kojiri, T. and Ikebuchi, S.:Optimal modeling in water resources management systems based on probabilistic matrix method, *Hydrology and Water Resources Symposium*, 1989.
7) Kojiri, T., Tomosugi, K. and Shiode, T.:Pattern classification of hyetographs and its application into flood control planning. *Stochastic Hydraulics* 2000, IAHR, 2000, 579-58.
8) Kojiri, T., Unny, T. E. and Panu, U. S.:Estimation and prediction of drought by using pattern recognition technique, *Stochastic Hydraulics, IAHR*, 1992, 711-718.

5 システムダイナミックスによる水需給予測

■ 5.1 システムダイナミックスの概要

　　水資源計画は，将来の社会状況に対応しうる完全な水供給を確保するために立てられている．基準となる年度までの人口増加，工業立地，農業改良などによる水需要量に対して，河川表流水からの取水，ダムからの供給，地下水からの汲み上げにより供給できるように計画される．その基本は適切な水需要構造の設定であり，従来，統計データやアンケート調査に基づいて行われて，水需要構造における支配的要素の抽出とそれらの因果関係を推定していた（図5.1）．さらに，産業連関表などを利用して，水資源構造における階層性，地域性，用途性，などの違いによる水需要構造の相違を明らかにし，水需要構造式を求めていた．ここに提出されてきた各要因の将来推定値を与えたものが，水需要予測となっていた．もちろん，複数のシナリオに沿った外生変数の設定やシステムシミュレーションにより，地域計画，環境保全・流域開発計画との整合性を保っているのはいうまでもない．従来の水需要予測は，県，市町村からの地域開発（人口増加）をベースに水需要量が積み上げ式に加算されており，人口の減少，産業の変化による需要量の減少は十分に考慮されていなかった．また，計画立案時から施設完成までの工期の長期化や環境来策用水など新規需要など，予測されていない状況に直面している．そこで，まず適切な水需要量の予測を行おう．

　需要，供給は独立に存在しているわけではなく相互に関連しているものであり，しかもこれらに量・質・コストの問題が階層的に関係していると見なければならない（図5.2）．さらには，資源は有限であるとの認識のもと，水問題が人間活動に対しても積極的制約要因となることが予想される．こうした水と社会との緊密な干渉を考え

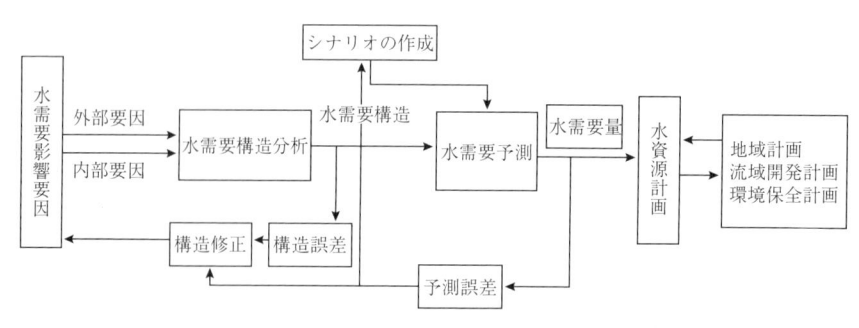

図 5.1 水需要予測手順層追加

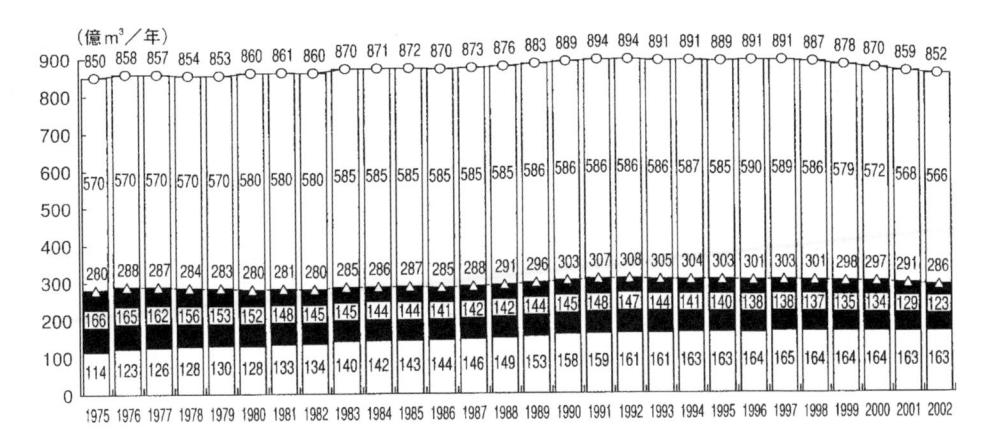

図 5.2 水使用量の経過

国土交通省水資源部の推計による取水量ベースの値であり，使用後再び河川等へ還元される水量も含む．工業用水は従業員 4 人以上の事業所を対象とし，淡水補給量である．ただし，公益事業において使用された水は含まない．農業用水については，1981〜1982 年値は 1980 年の推計値を，1984〜1988 年値は 1983 年の推計値を，1990〜1993 年値は元年の推計値を用いている．四捨五入の関係で合計が合わないことがある．

れば，水の代謝構造を一つの社会システムとして捉えなければならない．こうした社会システムの階層的フィードバック構造を分析し，そのダイナミックな特性を予測する有効な手法にシステムダイナミックス (system dynamics：以下 SD と略す) がある．

システムダイナミックスは，社会，経済，物理，科学，生態系システムの動きを解析するものとして，1960 年代に MIT の J. W. Forrester より提案されたものである．1980 年代に DYNAMO と呼ばれる言語で開発された．SD は，フィードバック過程を含むシミュレーション計算モデルとして開発されており，動的な過程において部分システム間の連携をいかに組み込むかが重要である．もともと経営管理に端を発したものであり，大規模システムのサブシステムへの分割，フィードバック理論の採用，コンピュータによるシミュレーション技法等の多くの特徴をもっているので，ローマクラブの世界モデル[2),3),4)]で成功をおさめてからは社会システムへの適用も盛んに行われてきた．水資源に関する様々な事象について見ると，水問題は，需要・供給・排水汚濁等の問題が個々独立に存在しているわけではなく相互に関連しているものであり，しかもこれらに量・質・コストの問題が階層的に関係していると見なければならなくなる．さらには，資源は有限性であるとの認識のもと，これらの水問題が人間活動に対しても積極的制約要因となることが予想される．こうした水と社会との緊密な干渉を考えれば，水の代謝構造を一つの社会システムとして捉えなければならないと考えられる．

日本でも広く導入されており，近畿圏を対象として水需給構造を大きく人口，土地，上水需給，工水需給，水源開発，排水汚濁・処理の六つのサブシステムに分割するとともに，それらサブシステム内およびサブシステム間の因果関係を SD モデルで展開

した研究[5]，淀川流域を琵琶湖流域，京都盆地，桂川流域，木津川流域，淀川下流域の五ブロックに分割し，全体システムをダム開発，水需要，水供給，水量収支，汚濁負荷，水需給調整，水管理，人口，産業，土地，財政などのサブシステムで構成した淀川ダイナミックスモデルに関する研究[6]，地球規模の水需給構造を把握するために世界を一つのシステムとして考えた研究[7]，近年断流現象がたびたび発生している黄河流域において水需給システムの持続可能性について検討を行った研究[8]，等がある．地球温暖化の影響を評価するため，水循環，水利用，社会活動を考慮した地域内での水移動や大陸間の水動態のシミュレーションにも適用されている[9]．

ここで，SDの特徴をまとめると[10]，

1) 物，生物のみならず人間活動をも含んだ現象をシステムとして把握し，そのシステムにはインフォメーション・フィードバック・ループが存在するとみなして，システム工学的なアプローチによりトータルシステムをいくつかのサブシステムに分解する．

2) サブシステム間に作用する因子・要素の因果関係を解明してシステム方程式を立て，それらを総合した数学モデルを作り，コンピュータによってシミュレートする．

3) モデルの実証を経た後，様々な条件下でテストし，意志・政策変数のメカニズムの解明に努める．

となる．

■ 5.2 SDによる水動態モデルの構成

5.2.1 基本構造

SDモデルは，制御されたフローによって相互に連結された蓄積の場（レベル）が交互に現れるという基本構造をもつ．すなわち，次に述べる四つのファクターから成り立っている．

1) レベル

組織の中に集積される量をレベルという．この変数の現在値は，レベルおよび流入するフロー（インプットフロー）と流出するフロー（アウトプットフロー）との差で決まる．

2) フロー

フローは活動を表すのに用いる．具体的には，レベルの単位時間当たりの変化量である．すなわち，フローによって，レベルの規模に増減が生じる．

3) レイト

組織内のレベル間を単位期間内に流れる量をSDではレイトという．

4) コネクタ

コネクタは，フローを調節するために用いられる情報や入力を転送する．

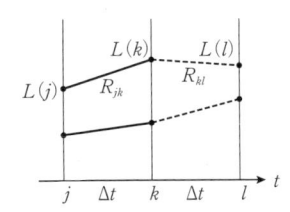

図 5.3 SD におけるシステム（レイトとレベル）の概略

5.2.2 システム方程式

連続的な時間の流れは，同一の長さの短い時間間隔 Δt に分けられ，時間とともに変化するレイトは，Δt の間は一定であると仮定する．方程式は時間の流れ j, k, l にしたがって，解答時間 Δt ごとに計算される．レベル方程式は，j 時点のレベルと時間間隔 jk のレイトから k 時点のレベルを計算するプロセスを示しており，たとえば，次式のような形で表現できる．

$$L(k) = L(j) + (RI_{jk} - RO_{jk}) \cdot \Delta t \tag{5.1}$$

$L(k)$：k 時点でのレベル　$L(j)$：j 時点でのレベル　RI_{jk}：jk のインプットレイト　RO_{jk}：jk のアウトプットレイト

こうして k 時点のレベルが計算されると，次に時間間隔 kl のレイトが決められ，さらにこのレイトが次の時間のシステムのフローをコントロールする．以後も同様のプロセスで，時間が Δt ずつ進むことによって次々とレイトとレベルが決定されていく（図 5.3）．

さらに，レイト方程式であるが，これは意志決定機構によって決定されたレイトを数式化するものであり，k 時点で計算され，次の時間間隔 kl のレイトを決定する．

■ 5.3 水需給問題への適用

5.3.1 本州 SD モデルの基本構成

ここでは水需給の変化過程の分析により水資源計画フレーム策定のための情報を得ること目的とするため，全国を均質的に捉え，かつ，以下の七つのセクターに分ける．

① 水資源セクター：　淡水供給源をダム・ため池，地下水および表流水に分割し，それぞれの供給量の推移を，事業費，汚染および規制等の関数としてとらえる．

② 水供給セクター：　淡水の供給施設別に，上水，工業用水，農水および中水道に分割し，それぞれの供給量の推移を事業費，汚染，水需給ギャップ等の関数として捉える．

③ 水利用セクター：　利用目的別に，家庭用水，業務用水，工場用水および農業用水の各用途に分割し，それぞれの利用水量（供給量）を捉える．

④ 排水処理セクター：　利用された水のうち，排水処理施設を通過するものについては施設別に，公共下水道，特定下水道に分割し，それぞれの処理水量を事業費と汚染の関数として捉える．

⑤ 環境インパクトセクター：　排（廃）水処理施設を通過するかしないにかかわ

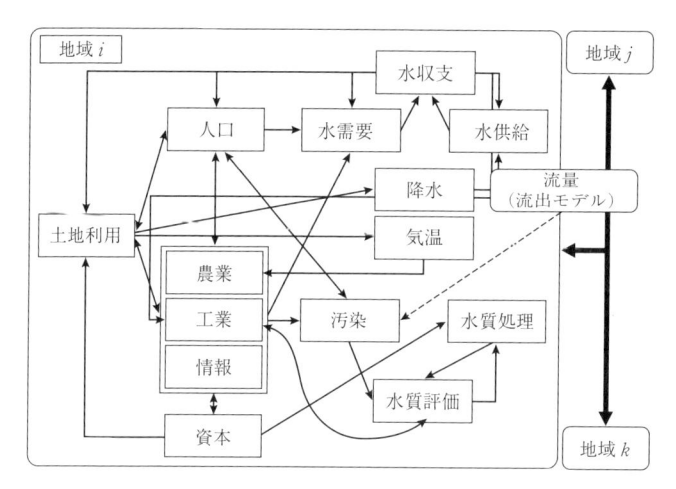

図5.4 地域におけるセクターの関係

らず，利用された水は公共水域へ流入するが，とくに水域の汚染を考慮し，流入負荷量と流入水質とに分割して捉えることにする．

⑥ 水需要セクター：水供給セクターとは独立に，水需要サイドから家庭，業務，工場および農業に分割し，それぞれの需要量を社会・経済セクターとの関連で捉えることとする．

⑦ 水需要量と水供給量の差を水需給ギャップとし，家庭，業務，工場および農業のそれぞれの利用目的別に分割して捉える．

複雑に入り組む社会構造を分析する場合，経済活動や人口移動等の変化には，水因子の影響はさほど重要ではなく，水因子以外の影響の方が大きく作用していると考えるのが一般的である．本モデルでは，日本の本州を10の地域（東北北西部，東北南東部，関東，信越，北陸，東海，中部，近畿，山陰，山陽）に分割し，水資源利用可能量を地域ごとに把握するとともに，その分布が，先に挙げたような様々な人間活動にどのような変化をもたらすかのシミュレーションを行う．各地域におけるシステムは11のセクター（人口，土地利用，農業，工業，IT，資本，汚濁負荷，水質評価，水質管理，降水・気温，水需給）から構成されると考える（図5.4）．

SDモデルへの入力データとして，水資源量を各地域・各月ごとに把握する必要があるが，ここでは，分布型水量流出モデルを用いる（第6章参照）．

5.3.2 各要素の定式化

1) 人口セクター

各地域の人口は，地域内の出生・死亡数，および地域外との転入・転出数によって増減する．出生数は，出生率と単位時間前の人口によって，死亡数は，死亡率と単位時間前の人口によって決定する．死亡率および地域間の人口移動は，域内の農業生産量，製造品出荷額および水質汚濁度によって決まるものとする．すなわち，例えば農業生産の多少に伴って発生する人口移動の場合，ある年について，各地域から産出さ

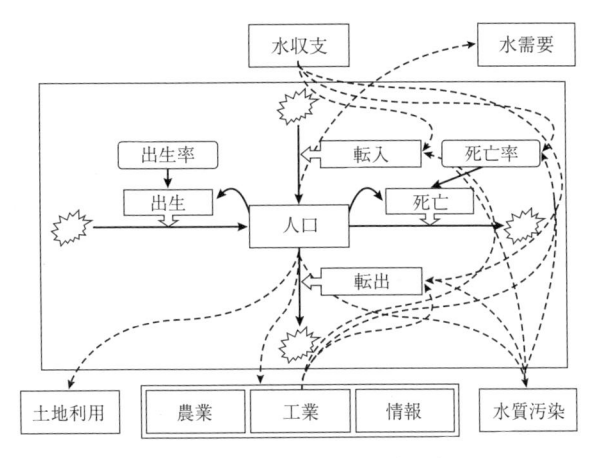

図 5.5 人口セクターの概要

れる農業生産量の平均値を求め，その平均値を下回っている地域から人口が流出し，平均値を上回る地域へ流入する．さらに，平均値からの隔差に応じて，流入出人口が変化する．図 5.5 に人口セクター内外の相互関係を示す．

$$PL_r(k) = PL_r(j) + PR_{jkr} \cdot \Delta t \tag{5.2}$$

$$PR_{jkr} = (PBR_{jkr} - PDR_{jkr}) + (PIMR_{jkr} - POMR_{jkr}) \tag{5.3}$$

$$PBR_{jkr} = PL_r(j) \cdot CB \tag{5.4}$$

$$PDR_{jkr} = PL_r(j) \cdot CD \tag{5.5}$$

$$PIMR_{jkr} = \sum_{p \neq r} POMR_{jkpr} \tag{5.6}$$

$$POMR_{jkr} = POMAR_{jkr} + POMIR_{jkr} + POMXR_{jkr} \tag{5.7}$$

PL：人口（人） PR：人口増加レイト（人/年） PBR：出生数（人/年） PDR：死亡数（人/年） $PIMR$：転入数（人/年） $POMR$：転出数（人/年） CB：出生率（/年） CD：死亡率（/年） $POMAR$：農業生産性に伴う転出数（人/年），$POMIR$：工業生産性に伴う転出数（人/年），$POMXR$：水質汚濁度に伴う転出数（人/年）

2) 土地利用セクター

土地利用では，水需給バランスの変化，特に水不足が，工業用地や住宅地の開発抑制を促す要素となり，工業用地や住宅地の開発予定面積に影響を及ぼし，結果として工業用地および住宅地の面積に変化を生じせしめると考える．工業用地および住宅地の開発レイトは，農地減少レイトと連動し，農地面積に変化をもたらす仕組みにする．また，農地面積の割合がどの程度であるかによって，工業用地および住宅地の開発需要が決定されるようにする．

$$LUML_r(k) = LUML_r(j) + LUMR_{jkr} \cdot \Delta t \tag{5.8}$$

$$LUPL_r(k) = LUPL_r(j) + LUPR_{jkr} \cdot \Delta t \tag{5.9}$$

$$LUFL_r(k) = LUFL_r(j) + LUFR_{jkr} \cdot \Delta t \tag{5.10}$$

$$LUGL_r(k) = LUGL_r(j) + LUGR_{jkr} \cdot \Delta t \tag{5.11}$$

$$LUUL_r(k) = LUUL_r(j) + LUUR_{jkr} \cdot \Delta t \tag{5.12}$$

$$LUUL_r(k) = LUIL_r(j) + LURL_r(k) \tag{5.13}$$

$$LUIL_r(k) = LUIL_r(j) + LUIR_{jkr} \cdot \Delta t \tag{5.14}$$

$$LURL_r(k) = LURL_r(j) + LURR_{jkr} \cdot \Delta t \tag{5.15}$$

$$LUIR_{jkr} = WBX_r(j) \cdot CLUI1 + CTL_r(j) \cdot CLUI2 \tag{5.16}$$

$$LURR_{jkr} = WBX_r(j) \cdot CLUR1 + PR_{jkr} \cdot CLUR2 \tag{5.17}$$

$LUML$：山地面積率　$LUPL$：水田面積率　$LUFL$：畑地面積率　$LUGL$：草地面積率　$LUUL$：都市面積率　$LUMR$：山地面積率増加レイト（/年）　$LUPR$：水田面積率増加レイト（/年）　$LUFR$：畑地面積率増加レイト（/年）　$LUGR$：草地面積率増加レイト（/年）　$LUUR$：都市面積率増加レイト（/年）　$LUIL$：工業用地面積率　$LURL$：住宅地面積率　$LUIR$：工業用地面積率増加レイト（/年）　$LURR$：住宅地面積率増加レイト（/年）　WBX：水不足指標　CTL：総資本（円）　$CLUI1$：水不足に伴う工業用地開発抑制率（/年）$CLUI2$：資本増加に伴う工業用地開発促進率（/円・年）　$CLUR1$：水不足に伴う住宅地開発抑制率(/年)　$CLUR2$：人口増加に伴う住宅地開発促進率(/人)

3） 農業セクター

農業セクターにおいては米の生産のみに着目する．農作物生産量の計算は，水田面積率増加レイトと当該地域の面積，単位面積当たりの収穫量から，収穫の増分を考え，次期の農作物生産予定量を求める．ただし，この農作物生産予定量を満足しようにも，水不足により生産に必要な農業用水量を確保できない場合は，単位面積あたりの収穫量を減少させる．このため農作物生産予定量も減少する．農作物生産予定量が，当該期の人口に対応する農作物需要量を満足しない場合は，水田面積率増加レイトをさらに増やす．しかしながら，再度農業用水供給不足に陥る場合は，人口セクターの死亡率を増加させる．

このようにして，計算された農作物生産量が，他セクターへ引き渡す情報としては，汚濁負荷セクターへの農薬使用量情報，資本セクターへの農業産出額情報がある．それぞれ，当該期間の農作物生産量に必要な換算係数を乗じて求める．農業セクターに関係する諸式は，以下の通りである．

$$APL_r(k) = APL_r(j) + APR_{jkr} \cdot \Delta t \tag{5.18}$$

$$APR_{jkr} = LUPR_{jkr} \cdot AREA_r \cdot CAP1 \tag{5.19}$$

$$APDL_r(k) = PL_r(k) \cdot CAP2 \tag{5.20}$$

$$WDA_r(k) = APL_r(k) \cdot CAP3 \tag{5.21}$$

$$XAL_r(k) = APL_r(k) \cdot CAP4 \tag{5.22}$$

$$CA_r(k) = APL_r(k) \cdot CAP5 \tag{5.23}$$

APL：農作物生産量（t）　APR：農作物生産量増加レイト（t/年）　$AREA$：当該地域の面積（km^2）　$APDL$：農作物需要量（t）　WDA：農業用水需要量（m^3）　XAL：農薬使用量（kg）　CA：農業産出額（円）　$CAP1$：単位面積当たりの収穫量（t/km^2）　$CAP2$：1人当たり米消費量（t/人）　$CAP3$：単位重量当たりの水需要量（m^3/t）　$CAP4$：単位重量当たりの農薬使用量（kg/t）　$CAP5$：単位重量当たりの米価格（円/t）

4） 工業セクター

工業セクターにおいては，淡水使用量の業種別シェアにおいて，化学工業，鉄鋼業

およびパルプ・紙・紙加工品製造業の三業種（いわゆる用水多消費三業種）が全体の70％程度を占めており，用水多消費三業種の淡水使用量の動きが，全業種合計の淡水使用量の動きに大きく影響するため，用水多消費三業種の動向に着目する．また，工業排水がもたらす水質汚濁負荷量が一定限度を超え，水質評価セクターからの水質基準順守の要求があった場合には，浄化処理効率を向上させる．

$$IL_r(k) = IL_r(j) + IR_{jkr} \cdot \Delta t \tag{5.24}$$

$$IR_{jkr} = LUIR_{jkr} \cdot AREA_r \cdot CI1 \tag{5.25}$$

$$IDL_r(k) = PL_r(k) \cdot CI2 \tag{5.26}$$

$$WDI_r(k) = IL_r(k) \cdot CI3 \tag{5.27}$$

$$XIL_r(k) = IL_r(k) \cdot CI4 \tag{5.28}$$

IL：製造品出荷額（円）　IR：製造品出荷額増加レイト（円/年）　IDL：工業製品需要量相当額（円）　WDI：工業用水需要量（m³）　XIL：工業汚濁負荷量（kg）　$CI1$：単位面積当たりの製造品出荷額（円/km²）　$CI2$：1人当たり工業製品需要量相当額（円/年）　$CI3$：単位製造品出荷額当たりの水需要量（m³/円）　$CI4$：単位製造品出荷額当たりの汚濁負荷排出量（kg/円）

5) ITセクター

ITセクターは，近年の情報通信技術の発達に伴う渇水等の予測精度向上および貯水池管理の改善が，水資源の効率的な運用をもたらすことを反映するセクターである．本モデルでは，IT充実度が，農業用水や工業用水の安定供給に結び付き，結果的に生産量が増え利益をもたらすものと仮定する．

6) 資本セクター

資本セクターでは，農業生産および工業生産に伴って蓄積される資本を算定する．具体的には，農業生産に関しては，農作物生産量を単位重量当たりの米価格で換算して農業産出額とし，工業生産に関しては，製造品出荷額をそのまま工業産出額とする．資本は，人口移動および死亡率を決定する要素となる．

$$CTL_r(k) = CA_r(k) + IL_r(k) \tag{5.29}$$

CTL：総資本（円）　CA：農業産出額（円）　IL：製造品出荷額（円）

7) 汚濁負荷セクター

汚濁負荷セクターでは，生活排水，農業排水および工業排水が下水への汚濁負荷であると考える．生活排水については人口に原単位を乗じた量を，農業排水については使用した農薬量を，工業排水については工業セクターから求められる汚濁負荷発生量を，それぞれの汚濁負荷量とする．生活排水の汚濁原単位としては，生活汚濁原単位と屎尿汚濁原単位とを考える．

上記の汚濁負荷のうち，生活排水については，河川への放流前に下水処理場にて処理される．農業排水については，特に排水過程で浄化処理がなされることなくそのまま河川に放流される．工業排水については，工場からの排出前に工場内での浄化処理および回収によって汚濁負荷が差し引かれ，さらに下水処理場での処理がなされる．

ここで，水質評価セクターからの排水水質基準強化の要請があった場合には，工業生産量を減少させることによって，汚濁負荷発生量を削減させる．したがって，製造品出荷額が減少する．

$$XRL_r(k) = PL_r(k) \cdot UXR \tag{5.30}$$
$$UXR = UXD + UXH \tag{5.31}$$
$$XERL_r(k) = XRL_r(k) \cdot STER_r \tag{5.32}$$
$$XEAL_r(k) = XAL_r(k) \tag{5.33}$$
$$XEIL_r(k) = XIL_r(k) \cdot IWRR \cdot XCI \cdot STEI_r \tag{5.34}$$

XRL：生活汚濁負荷量（kg） UXR：生活汚濁原単位（kg/人） UXD：雑排水汚濁原単位（kg/人） UXH：屎尿汚濁原単位（kg/人） $XERL$：生活汚濁負荷排出量（kg） $XEAL$：農薬排出量（kg） $XEIL$：工業汚濁負荷排出量（kg） $STER$：生活排水下水処理効率 $STEI$：工業排水下水処理効率 $IWRR$：工業用水回収率 XCI：排水水質基準強化に伴う処理効率向上効果

8) 水質評価セクター

水質評価セクターでは，汚濁負荷セクターからもたらされる水質汚染のレベルが，水質基準値以下であるかの判定を行う．基準値を満たしている場合は，現状での放流を許すが，そうでない場合は，水質管理セクターに情報の伝達を行うとともに，工業セクターに対しては，より厳しい排水水質基準を課すこととする．

9) 水質管理セクター

水質管理セクターでは，水質評価セクターから引き渡される水質情報を基に，水質改善のために必要な措置について検討する．具体的には，下水処理施設が新たに建設されるなどして，下水処理効率が向上するものと仮定し，既存の施設に新設のものを加えたすべての施設を稼動させた状態で水処理を行い，それに伴って上昇する下水処理効率の情報を水質評価セクターに返す．

10) 降水・気温セクター

流出モデルへの入力となる，降水量および気温のデータを操作するのが，降水・気温セクターである．土地利用の変化に伴う森林伐採やヒートアイランド現象による影響を考慮して，気温，降水量を変化させる．気温の変化は蒸発散量に，降水量の変化は水供給量に影響を及ぼすものとする．

11) 水需給セクター

水需給セクターでは，水需要量と水供給可能量との大小を評価し，需要過多の場合には，節水要請および河川利用率の向上等の対策を施す．一定の対策を実施した後に，需給の再評価を行い，安定した供給がなされるまで施策を繰り返す．なお，生活用水については，家庭用上水原単位に人口を乗じて算定する．

$$WD_r(k) = WDR_r(k) + WDA_r(k) + WDI_r(k) \tag{5.35}$$
$$WS_r(k) = WSR_r(k) + WSA_r(k) + WSI_r(k) \tag{5.36}$$
$$WDR_r(k) = PL_r(k) \cdot HWU \tag{5.37}$$

WD：水需要量（m³）　WDR：生活用水需要量（m³）　WDA：農業用水需要量（m³）
WDI：工業用水需要量（m³）　WS：水供給量（m³）　WSR：生活用水供給量（m³）
WSA：農業用水供給量（m³）　WSI：工業用水供給量（m³）　HWU：家庭用上水原単位（m³/人）

5.4 シミュレーションによる解析結果

1991～2000年を実証期間とし，2030年までのシミュレーション結果を示す．図5.6は人口の変動予測，図5.7は地域への転入人口の変動予測，図5.8は工業用水の需要予測結果である．

総合的に評価すると，2005年から2006年にかけて，死亡率と出生率の逆転が起こるものと予想されている．しかし，水質汚濁が死亡率の上昇に寄与すると仮定しているため，本州における総数のみに着目すると，シミュレーション期間を通して，人口は単調に減少している．近畿や中部ではコンスタントな転入（人口増加）が予想されるのに対し，山陰や山陽では転出による人口減少が想定される．農業用水需要量は，気温，降水量等の気象条件による収穫高への影響が十分考慮されていないものの，1993年の冷夏等は再現でき，概ね減少傾向となり，工業用水に関しては，鉄鋼，化学，パルプ等用水多消費業種がまちまちで，それに応じて需要量も変動しており出荷額の

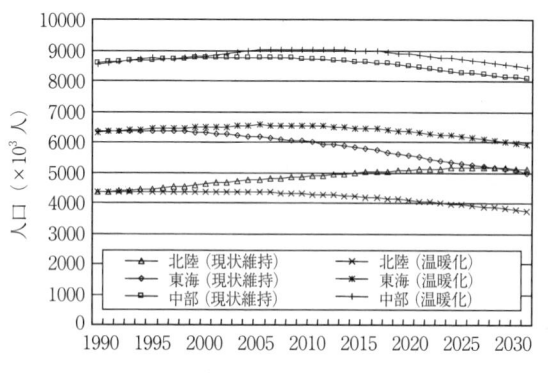

図5.6 人口の変動予測

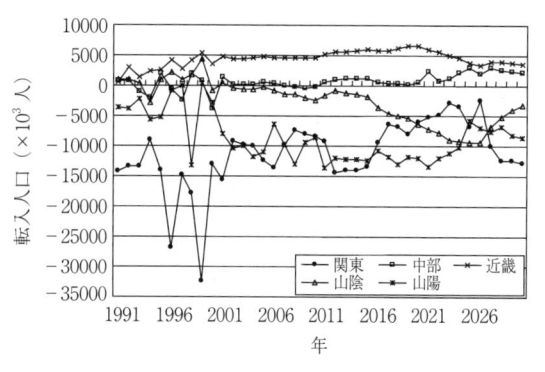

図5.7 転入人口の予測

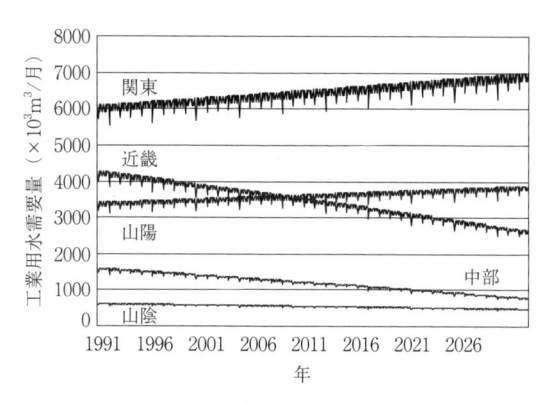

図5.8 工業用水の需要予測

集計方法に問題がある．全体には，ほぼ変動の少ない結果となっている．ここで，地域ごとの特徴をまとめると次のようになる．

1) 東北北西部

シミュレーション期間を通して，転入が相次ぎ，人口は微増する．米の生産は基本的に他地域への移出用であるため，人口の割に高い生産量を誇るが，人口流入が続く関係上，他地域に比べ生産量減少の程度は鈍い．米の生産量が減るにもかかわらず，土地利用割合において，森林が減少し，水田面積が増加するのは，水田の耕地利用率が，1991年から2000年までの単調減少傾向のまま，2001年以降も推移すると仮定したことに起因すると考えられる．

2) 東北南東部

東北北西部に比べると，工業生産が盛んであるため，製造品出荷額が多く，全期間にわたる人口の転入を引き起こす要因となっていることがわかる．工業については，用水多消費三業種の全業種に占める割合が微増することから，工業用水使用量も増加していく．

3) 関 東

水質汚濁の影響が全地域の中で最も顕著に現れ，期間を通して人口が大幅に減少する．しかし実際には，官公庁や企業の本社が数多く立地し，第3次産業就業者人口比率が高い地域である．今後は，第3次産業までをも考慮したモデルを構築し，関東地域の選好性が高くなるような要素を付加できれば，より現実的な人口動態モデルになるであろう．

4) 信 越

域内の供給可能水量に比べて，実際の利用が多いため，水資源の余剰割合は低い．したがって，渇水に対する危険度が高い地域であると言える．土地利用割合において，森林が減少し水田面積が増加しているのは，東北北西部と同様に，耕地利用率が単調に減少するという仮定によるものと考えられる．

5) 北 陸

全域の中で最も高い人口伸び率を示す．富山，福井等には紙・パルプ業が立地しているため，北陸は全業種に占める用水多消費三業種の割合が15%程度を占めるが，供給可能水量が豊富であることから，山陽等において顕著な水質汚濁による人口転出現象は見られない．

6) 東 海

シミュレーション期間を通して供給可能水量が減少傾向にあることから，人口転入が転出を上回る北陸・東海・中部の中で，増加割合が最も小さい地域となっている．工業では，用水回収率の低い紙・パルプ工場が静岡に集積しているが，用水多消費三業種を合計すると，紙・パルプ業の汚濁負荷は目立たなくなり，BOD値も1ppm前後で推移している．

7) 中 部

関東，近畿で人口が減少するのに対し，中部では期間を通して人口が増加する．中部に位置する中京工業地帯は，製造品出荷額は京浜工業地帯に次いでいるが，内訳としては機械工業が大半を占めるため，工業用水量の影響をあまり大きく受けない．

8) 近 畿

人口は微減ながら，ほとんど変動が見られない．工業では，加古川，和歌山等に鉄鋼業が立地しているが，鉄鋼業の不振の影響を受け，全業種に占める用水多消費 3 業種の割合は，全地域の中で最も急激に減少する．したがって，工業用水需要量の低下が進む．

9) 山 陰

供給可能水量に対して，使用水量がそれほど多くないので，水資源的には余裕があり，また，製造品出荷額も全地域の中で最少であるが，水質汚濁の程度が高く，山陽に次いで 2 番目の人口減少地域となっている．

10) 山 陽

山陽は，日本の工業生産出荷額の約 1 割を占める瀬戸内工業地域を含み，倉敷，水島，徳山，宇部，小野田等の化学工業，福山，呉等の鉄鋼業等が盛んなため，用水多消費三業種が域内製造品出荷総額の約 25% を占める．しかしながら，気候的には瀬戸内型に属し少雨である．したがって，水資源の観点からすれば，水供給が逼迫し，水質が悪化しやすい傾向にあるといえる．

■ 5.5　6 大陸間水動態モデルへの適用

本節では，利用しやすい市販のソフト（STELLA）を利用した世界水動態のモデル化について言及する．STELLA は，1985 年に Richmond により開発されパーソナルコンピュータ（Macintosh や Windows）で実行できるようプログラム化されたソフトウエアである．

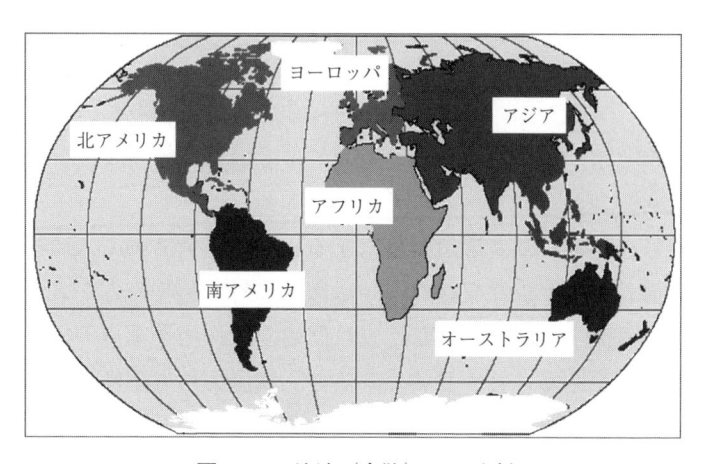

図 5.9　6 地域（大陸）への分割

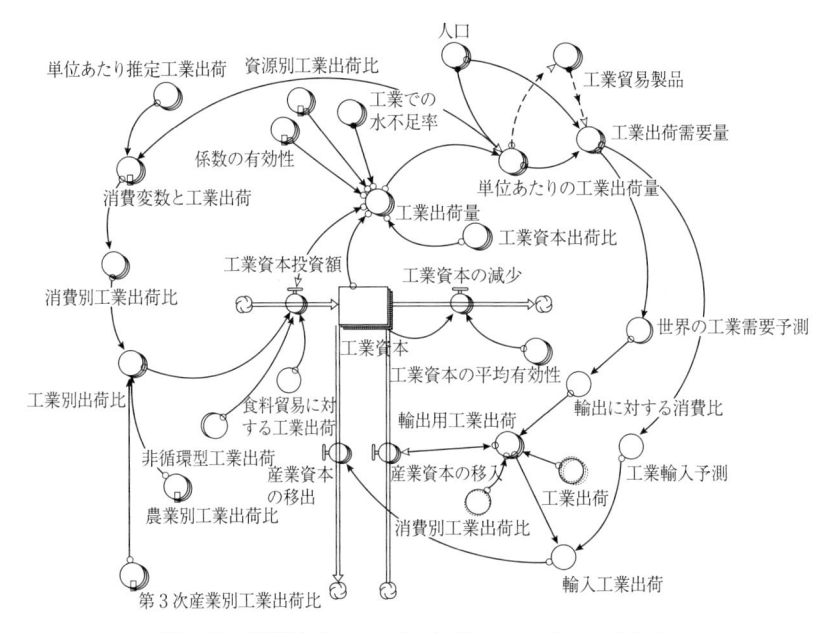

図 5.10 産業セクターでのカジュアルダイアグラム

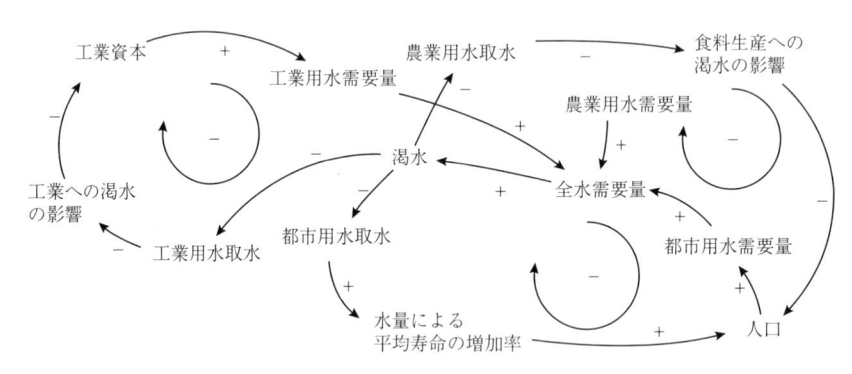

図 5.11 水利用セクターでの簡略化カジュアルダイアグラム

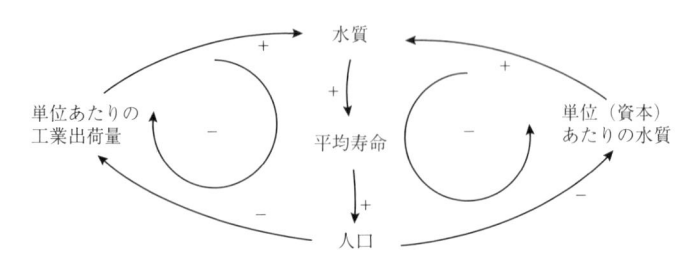

図 5.12 水質セクターでの簡略化カジュアルダイアグラム

　複雑に入り組む社会構造を分析する場合，経済活動や人口移動等の変化には，水因子の影響はさほど重要ではなく，水因子以外の影響の方が大きく作用していると考えるのが一般的である．しかし，水に関連した作用を重点的に把握するという立場からモデル展開を図ることを目的とすると，水資源の有限性，水環境の悪化等を解析するため，様々な要素をできうる限り内生化してモデルを作成し，その分析・予測・評価を行わなければならない．世界の水動態をSDによって分析するため，大陸ごとに分

5.5　6大陸の水動態モデルへの適用　　　　　　　　　　　　　　　　　　　　　47

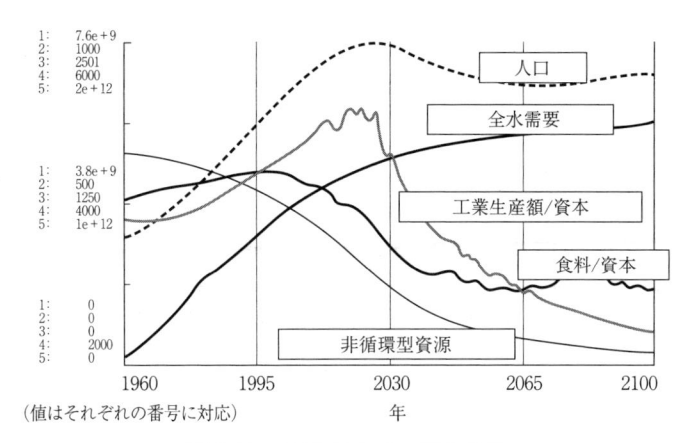

図 5.13　2100 年までの算定結果

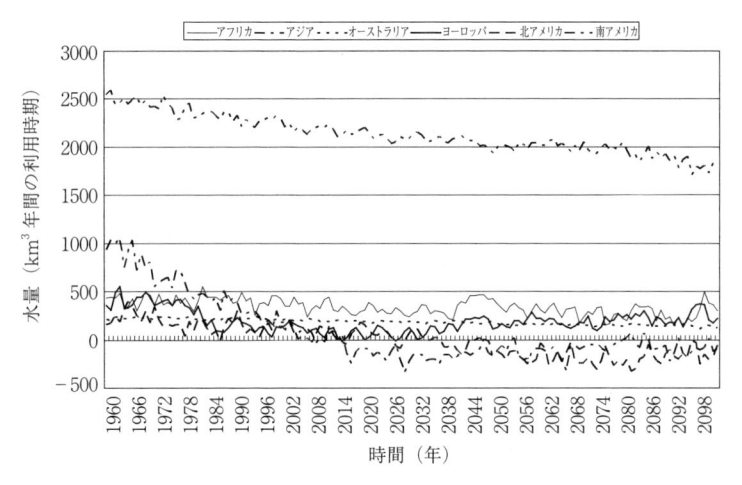

図 5.14　6 地域での水利用可能性

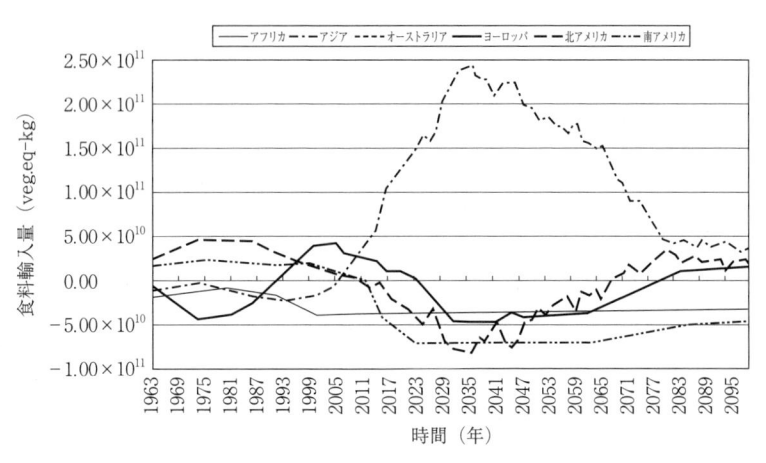

図 5.15　6 地域での食料輸入

割を行う（図 5.9）．また，モデルは 1960 年から 1995 年のデータを用いて作成され[10]，2100 年までをシミュレートされている．STELLA では定式化がカジュアルダイアグラムで構成されるので，モデル化やシミュレーションが容易である．その半

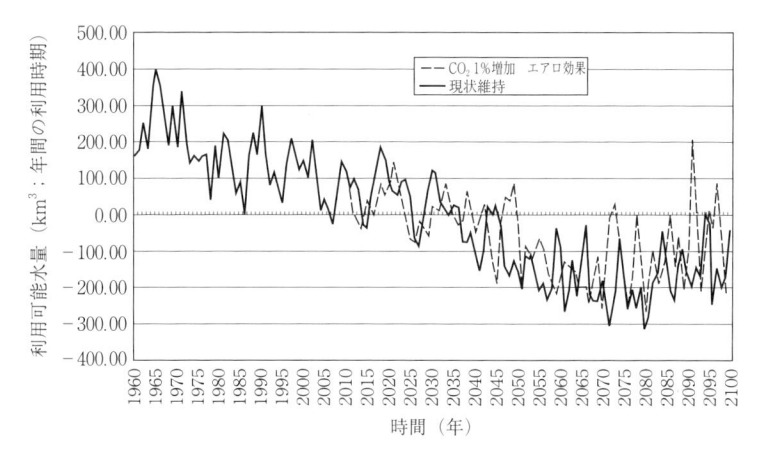

48 5. システムダイナミックスによる水需給予測

図 5.16 CO_2 1%増加時の水利用可能性

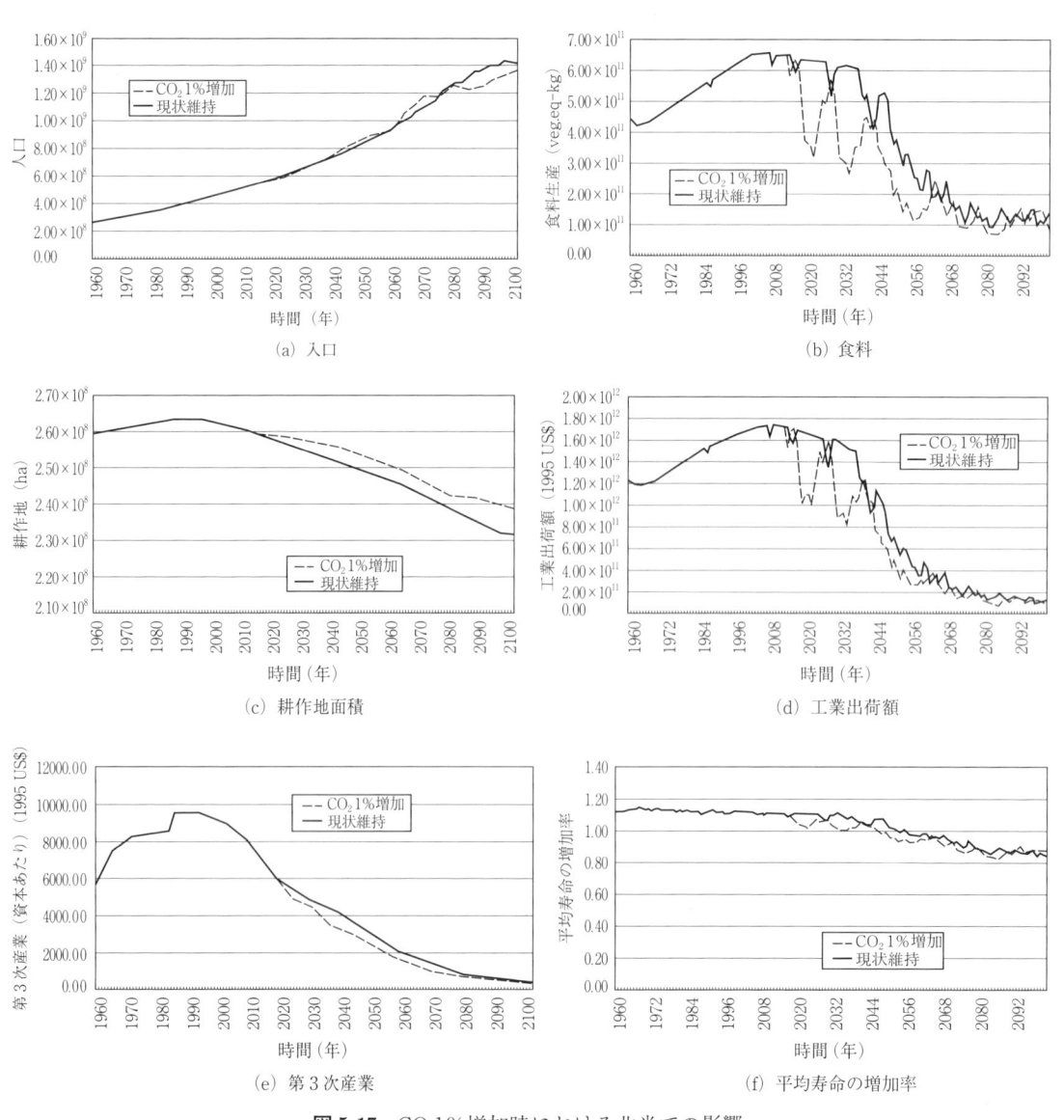

(a) 人口

(b) 食料

(c) 耕作地面積

(d) 工業出荷額

(e) 第3次産業

(f) 平均寿命の増加率

図 5.17 CO_2 1%増加時における北米での影響

面，入力形式や時空間的な出力に制約があり，流出モデルとの詳細な連携が困難である（図 5.10）.

図 5.11, 5.12 に水量，水質セクターのカジュアルダイアグラムを示す．＋やーによって，各効果が伝達していくのがわかる．

■ 5.6 SD の適用結果

図 5.13 は 2100 年までの人口，水需要，産業生産，食料，資源の変動結果をまとめたものである．

その結果，水需給関係が図 5.14 のようになった．すなわち，アジアや北米で水不足が顕著で，オーストラリア，ヨーロッパ，アフリカでは，あまり深刻にはならないことがわかる．

食料に関しては，アジアが最も深刻である（図 5.15）．人口増加によって食料不足が懸念されるが，2100 年に人口が減少し，安定供給となろう．

今までは，気象・水文条件が変化しないとしてきたが，次に地球温暖化の影響を検討してみよう．CO_2 の 1 ％増加を適用する（図 5.16）．アジアと北米の結果を示すが，温暖化によって利用可能水量はあまり変化がみられないものの変動が増えている．北米についても同じである．

図 5.17 に北米に限定して，人口，食料など他の要素を示す．食料，産業はかなり変動が激しく，土地利用は広額傾向にあることがわかる．

■ 演習問題

5.1 現在までの水使用量が下図の点で与えられるとき，今後の需要量は回帰式（$Y = aX + b$）で求まる場合がある．ここに，X は時間（年），Y は需要量，とする．資料が N 年分存在するとき，誤差最小となるパラメータ a, b の推定式を求めよ．

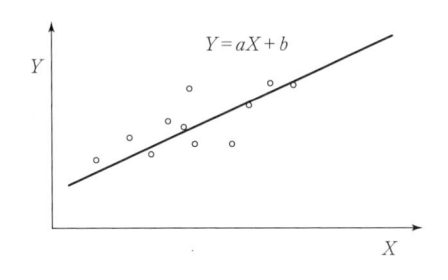

5.2 5.3.4 項で述べたように，工業用水は再利用や，水質基準に応じた浄化処理効率の向上，出生・死亡数，転入・転出数によって増減する．そこで，式（5.24）から（5.28）を関係フローで表せ．

5.3 5.3.2 項で述べたように，人口は地域内の出生・死亡数，および地域外との転入・転出数によって増減する．式（5.2）から（5.7）を関係フローで表せ．

■ 参 考 文 献

1) 土木学会：水理公式集，平成11年版，1999.
2) Meadows, D. H., Meadows, D. L., Randers, J. and Brehens III, W. W.：*Dynamics of Growth in a Finite World*, Wright-Allen Press, 1974.
3) Meadows, D. H., Meadows, D. L. and Randers, J.：*Beyond the Limits*, McClelland & Stewart, 1992.
4) Meadows, D. L., Randers, j. and Meadows D. H.：*Limits to Growth*, Chelsea Green Publishing, 2004.
5) 高棹琢馬・池淵周一：水の需給構造に関するシステム・ダイナミックス論的研究，土木学会論文報告集，**259**, 1977, 55-70.
6) 建設省近畿地方建設局：水管理トータルシステム調査－淀川ダイナミックス，1977.
7) Simonovic, S. P.：World water dynamics：global modeling of water resources. *Journal of Environmental Management*, **66**, 2002, 249-267
8) Xu, Z. X., Takeuchi, K., Ishidaira, H. and Zhang, X. W.：Sustainability analysis for yellow river water resources using the system dynamics approach. *Water Resources Management*, **16**, 2002, 239-261.
9) Nakatsuka, J., Chong, T-S. and Kojiri, T.：World Continental Modeling Considering Water Resources Using System Dynamics. 京都大学防災研究所年報，**47**B, 2004, 851-862.
10) 島田俊郎編：システムダイナミックス入門，日科技連，1994.
11) WHO：*Global Water Supply and Sanitation Assessment 200, Report*, World Health Organization and United Nations Children's Fund, 2000.

6 流域流出分布の解析

■ 6.1 集中型モデルと分布型モデル

　水循環，特に対象とする流域からの流出を取り扱うモデルを大きく分類すると，集中型モデルと分布型モデルがある．集中型モデルは流域の流出特性の空間的分布は考慮せず均一なものとしてとらえ，流域からの流出の時間的変化を求めようとするものであり，代表的なモデルとして貯留関数法やタンクモデル法がある．

　一方，分布型モデルは流出特性の流域内での空間的分布を考慮するものであるため，流域の流出特性を精度良く再現できる．分布型モデルの代表例としては kinematic wave 法（特性曲線法）があげられる．分布型モデルは，流域の分割方法によって平面分布型と鉛直分布型に分けられる．以下に，それぞれの特徴を示す．

　平面分布型：　対象流域の地表面を分割する方法であり，①いくつかの小流域に分割する（河川網型という），②水文学的性質によって流域を分割する（分類型という），③メッシュに分割する（メッシュ型という），などがある．

　鉛直分布型：　対象流域の鉛直断面（大気-地表面-地中方向にとった断面）を分割する方法であり，①地表面の流れと地表面下の水の移動の二層に分割する（二層型という），②地表面の水の流れの他に，地表面下の水の流れを中間流出・地下水流出などを考慮して複数の層に分割する方法（多層型という），がある．

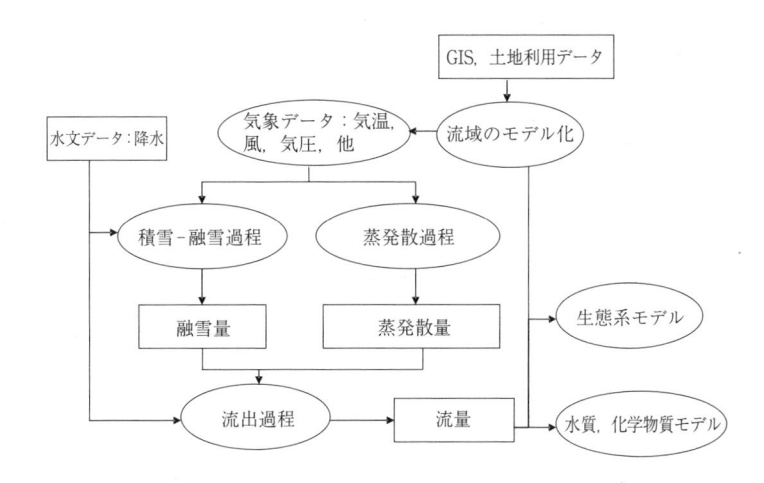

図 6.1　水循環系の概念図

なお，分布型モデルの精度を向上させるためには対象流域を平面内で分割するとともに鉛直断面内にも分割することが行われる．

■ 6.2　GIS を利用した水循環モデル

近年，地理情報システム（geographic information system：GIS）の発達により流域の地形・土地利用状況・人口・気象などのさまざまな諸量の数値情報が容易に利用できるようになっている．これらの情報を使用することによって精度の高い水循環モデルの構築が可能になってきた[1]．

GIS を利用したさまざまな水循環モデルが現在までに提案され，また，開発途上である．こうしたモデルはそれぞれ長所・短所・特徴をもっているが，概念的には類似なものと考えてよい．

流域の水環境を時空間的に評価するには，分布型流出モデルによる詳細なシミュレーションが必要になる．図 6.1 は，流域内流量および水質の循環系を示したものである．解析対象条件としては，計算期間は 1 年以上，1 年間を通して平常時，降雨時，洪水時のどの状況においても，流域内の水環境状況を把握できることを前提とする．

流域水循環モデルは，水量流出過程と水質移流過程から構成されている[2]．前者では，蒸発散過程，水田流出過程，表面流出・土壌内浸透過程，河川流下過程，取水・放水過程に分け，後者は，水温移流過程，汚濁物質移流過程に分けられる．まず，標高データ，土地利用データを用いて，流域の水分，汚濁負荷物質の空間的分布を推定するために流域を矩形メッシュに区切る．流域のモデル化において，土地利用，河道，標高，下水道，用水路，人口分布の設定を行う．土地利用については，同じような流出特性，負荷発生特性の要素を一つにするという方針で，土地利用データの 12 種類の分類を山地，水田，畑地，都市，水域の 5 種類に再分類する．下水道，用水路については，それぞれ土地利用のうち都市，水田に設置する．

■ 6.3　水量流出過程の定式化

6.3.1　蒸発散過程

入力する観測量として，土地利用，標高，緯度，風速，気温，大気圧，水蒸気圧，日照時間を与え，メッシュごとの気圧・空気密度は，測高公式を用いて算定する．算定方法として，熱収支法を用いる[3]．熱収支法とは，地表面温度を仮定し，熱収支式の各フラックスを求め，この収支式に代入し成り立つような地表面温度を推定していく．

熱収支法の基礎式を以下に示す．

$$\text{Heat balance}；IR = \sigma T^4 + HS + lE \tag{6.1}$$

$$\text{Input radiation}；IR = (1 - ref)SR + LR \tag{6.2}$$

$$\text{Bulk formula} ; HS = C_p \rho C_H U(T_s - T) \tag{6.3}$$

$$\text{Laterant heat} ; lE = l\rho C_E U(q_s - q_h) \tag{6.4}$$

IR：正味放射量（W/m²）　σ：ステファン-ボルツマン定数（5.67×10^{-8}W/m²K⁴）　TS：地表面温度（K）　HS：顕熱輸送量（W/m²）　lE：潜熱輸送量（W/m²）　ref：アルベド　SR：全天日射量（W/m²）　LR：長波放射量（W/m²）　Cp：空気の定圧比熱　ρ：空気の密度　U：風速（m/s）　T：気温（℃）　q_S：飽和比湿　q_h：比湿　ι：気化潜熱（J/kg）　C_H：顕熱のバルク係数　C_E：潜熱のバルク係数

6.3.2 積雪・融雪過程

熱収支法を用いて，メッシュごとの降雨-積雪-融雪-保水-浸透の一連の過程を考慮した積雪・融雪モデルを作成する[4]．各メッシュの気温は，観測地点と各メッシュの標高差と気温減率を用いて，気圧，水蒸気圧，空気密度は，測高公式を用いて算定する．融雪量の算定にあたり，昇温・融雪・再凍結・冷却過程を考慮する．

1) 積雪パラメータの算定

各メッシュにおける気温 T_a(K) と水蒸気圧 e_a(hPa) によって次式で判別する．

$$T_c = 11.01 - 1.5e_a + 273.15 \tag{6.5}$$

$$T_a > T_c : 雨 \quad T_a \leq T_c : 雪 \tag{6.6}$$

雪の物理特性には，含水量と水を含まない雪がもつ相当水量が考えられる．新雪の含水量，相当水量は以下の式で算定される．

$$W_{CN} = RS \times 0.05 \quad T_a \geq 273.15 \tag{6.7}$$

$$W_{CN} = 0 \quad T_a < 273.15 \tag{6.8}$$

$$W_{EQN} = RS - W_{CN} \tag{6.9}$$

W_{CN}：新雪の含水量（mm）　W_{EQN}：新雪の相当水量（mm）　RS：降水量（mm）

2) 融雪量の算定

融雪熱量 Q_m が積雪層内に吸収されるとき，Q_m や雪温 T_S（K），含水量 W_c によって下の四つの過程が生じる．

$Q_m > 0$ のとき　　$Q_m \leq 0$ のとき

i) $T_s < 0$：昇温過程　　iii) $W_c > 0$：再凍結過程

ii) $T_s = 0$：融雪過程　　iv) $W_c = 0$：冷却過程

融雪量 H_T は次式で与えられる．

$$H_T = \frac{Q_m}{lF} \tag{6.10}$$

Q_m：融雪熱量　lF：氷の融解潜熱

融雪熱量 Q_m は，積雪表面に関与する熱エネルギー収支式より次式で求められる．

$$Q_m = R\downarrow - \sigma T_s^4 - HS - lE \tag{6.11}$$

σ：ステファン-ボルツマン定数（5.67×10^{-8}W/m²K⁴）　T_S：積雪層温度（K）　HS：顕熱輸送量（W/m²）　lE：潜熱輸送量（W/m²）

(a) 構造　　　　　　　　　　(b) 維持湛水深

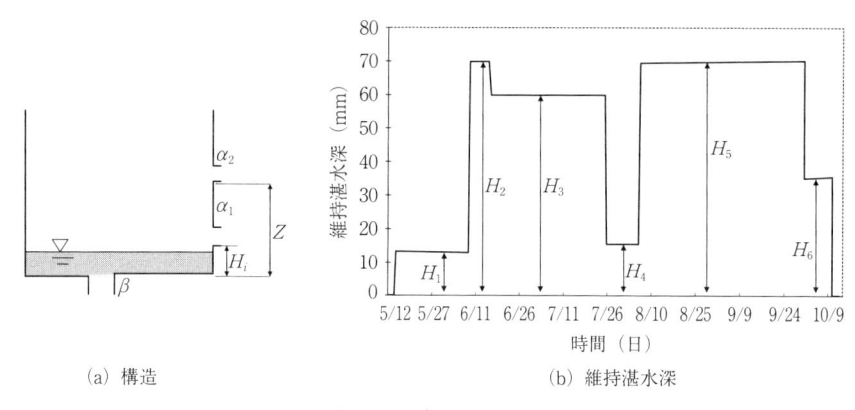

図 6.2　水田モデル

6.3.3　水田流出過程

水田の構造はグリッドごと一つのタンク状の水田があるとする（図6.2 (a)）．各水田タンクには側方流出孔を二つ設置し，上方を畦畔越流，下方を用水路への落水孔とし，地下浸透を表すために底に流出孔を設けることとした．下方の側流出孔の高さを維持湛水深と一致させることにより，取水者は維持湛水深を常に維持するように操作するという人為的取水操作を表現できるなど，水田に関する水収支の主要な要素を再現できる構造となっている．

また，灌漑期を苗代期（H_1），代掻き，田植え期（H_2），生育前期（H_3），中干期（H_4），生育後期（H_5），落水期（H_6）のように6期に区分し各期ごとに，図6.2 (b) に示されるパターンで湛水深が維持されるものとできる．

6.3.4　流 出 過 程

流出過程における適用条件，仮定は以下のとおりである．

● 平面分布としてメッシュ型モデル，鉛直分布として多層モデルを用いて，流域特性を3次元的に表現したメッシュ型多層流出モデルを適用する．
● 鉛直方向には4段の層（A～D）を配置する．
● 河川，地表面においては kinematic wave model を適用する．
● A層～D層には，線形貯留モデルを適用する．
● 解析は10分単位で流出量を算定する．
● 都市，水田においては，メッシュの中央に一本づつ，それぞれ下水道，用水路を設置し，表面流を流入させ，kinematic wave model を適用する．
● 中間流からの復帰流，すなわち，表層中の中間流の水深が表層の厚さに達すると，地表流が生ずるものと考える（図6.3）．

1）　メッシュサイズの決定

対象流域に対してメッシュサイズが小さすぎると，莫大な計算時間の必要性や記憶容量の不足が考えられる．また，メッシュサイズが大きすぎる場合は，水量，水質流出計算において，誤差の増大や細部での出力を把握できない場合がある．したがって，

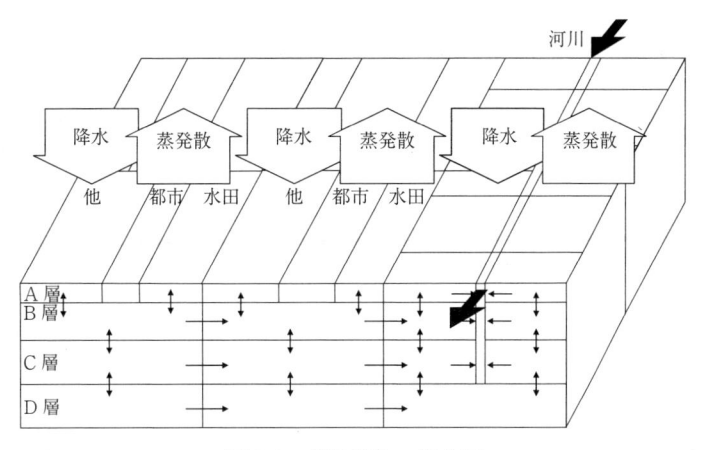

図 6.3 多層構造の概念図

対象流域の規模と解析目的に合った適切なメッシュサイズが要求される．

2) 入力データの整備

国土数値地図 50 m メッシュ（標高）から各メッシュの格子点の標高値を得て，各メッシュを形づくる 4 格子点の平均値を各メッシュの標高値とする．

3) 疑河道網の設定

斜面と河道を分離したモデルを作成することにより，河道特性をよりよく表現することを試みる．例えば，メッシュ内に一本の河川が現れるようにすると，1/25000 の地形図では位数 3 以上が残ることになる．作成した疑河道網において地形則を適用し，各位数ごとに算出された平均勾配を河床勾配とする．

4) 河道幅の設定

河道の縦横断データ（200m 毎）を用いてメッシュごとに河川幅を設定する．疑河道網のうち，縦横断データのない部分は，同じ位数をもった河道の幅を平均した値を用いる．

5) 落水線図の作成

整備し終わった標高データを用いて，流域に降る雨滴を隣接するメッシュ間 4 方向で最急勾配方向に追跡する．ここで描いた落水線は，標高データだけに依存しているので，標高データをメッシュサイズに変換する際の誤差などで，逆勾配，窪地や不連続な落水線が発生する場合がある．このとき，用いた標高データの基本単位（「国土数値地図 50m メッシュ（標高）」の場合は 10 cm）分だけの落差となるように標高データを修正する．勾配方向に関しては，4 方向だけでなく 8 方向，16 方向など任意に設定することもできる．より流域の形を正確に表現でき計算精度の向上が期待できる長所があるものの，① メッシュ形状が変化するので斜面長が短くなり計算ステップを細かくする必要がある，② 連続する斜面の接続面が変化し水量配分が必要となる，③ 河道が斜めに繋がることになり合流過程が複雑になる，などの欠点を有しており，ここでは基本形として 4 方向で展開する．

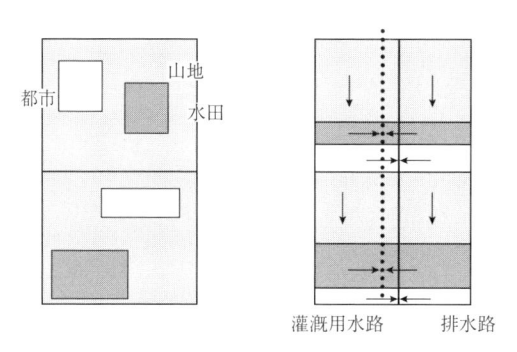

図 6.4 水路設定の概念図

6) メッシュ傾斜角の計算

落水線方向に隣接するメッシュ間の標高差，メッシュ幅 L を用いて，傾斜角 Inc を

$$Inc = \tan^{-1}(\partial h/L) \tag{6.12}$$

とする．また，用水路，下水道は以下のように設定される．すなわち，

i) 各地表メッシュについて土地利用データより，分類4（都市）の面積を算出する．

ii) それを1辺がメッシュ幅となるような長方形に置き換える．

iii) その長方形の長辺の中央に短辺方向に下水道（雨水管）を1本設置する．都市への降雨はすべてこの下水道（雨水管）に流入するものとする．

iv) 家庭排水，工業排水のうち，下水道普及率分は下水処理場を経て河川に流入するとし，残りは浄化槽を経て下水道（雨水管）に入るものとする．表流水や河川などの流出，流下計算を行う際に用いる．

ここで，kinematic wave model は以下のように定式化される[5),6)]．

$$\frac{\partial h}{\partial t} + \frac{\partial q}{\partial x} = r(x, t) \tag{6.13}$$

$$q = \alpha h^m \tag{6.14}$$

h：水深　q：単位幅あたりの流出量　$r(x, t)$：単位幅あたりの横流入量　x：斜面における流下方向距離　α, m：それぞれ流れの抵抗に関する定数

次に，地下水は，ダルシー則から演繹される方法として以下の線形貯留モデルを用いる．

$$\frac{dS}{dt} = I - O \tag{6.15}$$

$$O = kS \tag{6.16}$$

S：貯留量　I：流入強度　O：流出強度　k：透水係数

6.3.5 流域の形状特性

流域や河川の形状特性を表す方法に Holton-Strahler が提案した河道則がある[7)]．上流端の河道を1として合流するごとに数値が増えていく．ただし，下位の河道と合流しても位数は変わらないとする．図6.5のような河道系では，次数1が14，次数2が6，次数3が2，次数4が1となる．次数を u，その河道数を N_u で表すと，

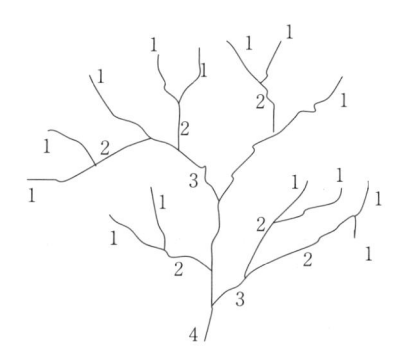

図 6.5 河道網と河道次数

$$R_b = \frac{N_u}{N_u+1} \tag{6.17}$$

を分岐比と呼ぶ．全河道での平均値（2〜10：実際には3〜6程度）で流域の形状特性を表すことができ，小さい時は分岐の多い広がった河道網であり大きい時は本川に支川が加わるだけの棒状河道となる．従来は，アナログ地図を用いて解析が行われていたが，デジタル情報を利用する矩形メッシュになるので，河道が直線かつ表現可能規模に変形されて表現される．1 km メッシュの場合，メッシュ内は1本の河道しか存在しないとの前提を置けば，ほぼ，3次の河道より表示されることになり，1次や2次は無視されることになる．

さらに，次数 u の河川の平均長さを L_u，次数 u の河川で代表される部分流域の平均面積を A_u，平均河道勾配を SL_u とすると

$$R_L = \frac{L_{u+1}}{L_u} \tag{6.18} \quad R_A = \frac{A_{u+1}}{A_u} \tag{6.19} \quad R_{SL} = \frac{SL_{u+1}}{SL_u} \tag{6.20}$$

が定義され，

$$N_u = R_b^{H-u} \tag{6.21} \qquad L_u = L_1 \cdot R_L^{u-1} \tag{6.22}$$
$$A_u = A_1 \cdot R_A^{u-1} \tag{6.23} \qquad SL_u = SL_1 \cdot R_{SL}^{1-u} \tag{6.24}$$

が得られ，それぞれ河道数則，河道長則，集水面積則，河道勾配則，と呼ばれている．下流端から上流端までで最も長いものを河川長と呼び，面積との比を河川密度として流域形状の特徴比較に用いられることがある．

■ 6.4 適 用 例

メッシュ化された流域と河道網として庄内川を図 6.6 に示す[5]．

図 6.7 は，ある洪水での河川流量の出力例で，流域最下流地点での観測値との比較結果である[8]．10分単位で通年での解析のあと，洪水流量を比較するために特定の個所を取り出したものである．高水，低水を連続して計算し常に土壌水分を求めており，個別の洪水時の初期水分量を考慮する必要はなく，水文学的な流域状態の連続性を確保できる．図 6.8 は，同洪水における流域内と河川での水分を表したものである．す

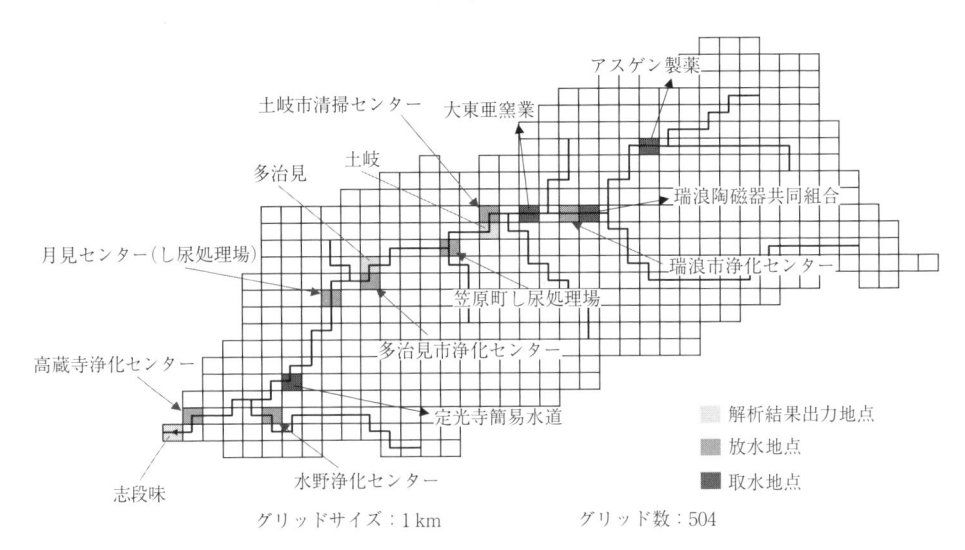

図6.6 庄内川流域における適用流域メッシュ

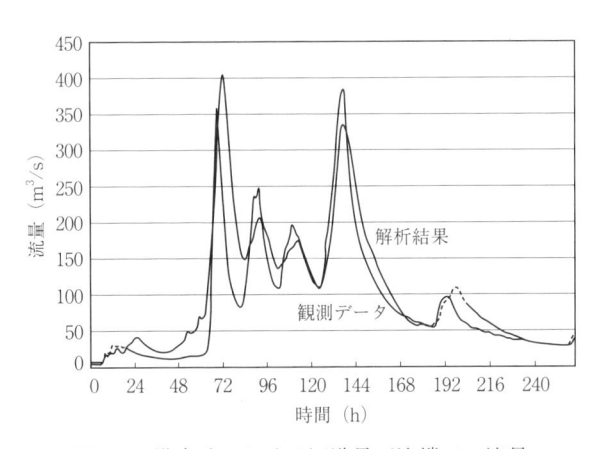

図6.7 洪水時における河道最下流端での流量

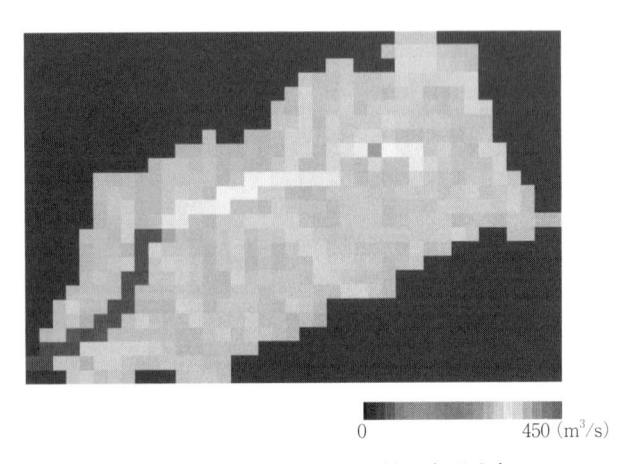

図6.8 流域および河川流量の空間分布

べての時間での空間分布を表示するのは記憶量が膨大で非効率であるが，低水時の乾燥地域，高水時の氾濫（危険）地域などの把握が容易になる．

■ 演習問題

6.1 kinematic wave の運動方程式は $q=\alpha h^m$ で表される．今，マニング則が成り立つとした場合のパラメータ α と m を求めよ．

6.2 kinematic wave では，浸透や合流がない場合，水位 h，流速 dx/dt は $\dfrac{dh}{dt}=r,\ \dfrac{dx}{dt}=\alpha m h^{m-1}$ の特性曲線で与えられる．ただし，r は降雨強度，$\alpha,\ m$ はパラメータである．いま，降雨が一定強度 r_0 で発生する時，長さ X_0 一定勾配の斜面で，最上流端に降った降水が下流端に到達する時間とその水深を求めよ．初期の地表面には水分はないものとする．

6.3 $Rb=N_u/(N_u+1)$ を利用して $N_u=R_b^{H-u}$ が成り立つことを証明せよ．その結果，次数 u での河道長の総数は最大次数，次数1の河道長，分岐比，河道長則で表されることを示せ．

■ 参考文献

1) 朴　珍赫・小尻利治・友杉邦雄：流域環境評価のための GIS ベース分布型流出モデルの展開．水文・水資源学会誌，**16**, 2003, 541-555.
2) 小尻利治・東海明宏・木内陽一：シミュレーションモデルでの流域環境評価手順の開発．京都大学防災研究所年報，**41B-2**, 1998, 119-134.
3) 近藤純正：水環境の気象学，朝倉書店，1994.
4) 小島賢治：積雪層の粘性圧縮．低温科学物理篇，**16**, 1957.
5) 石原藤次郎・高棹琢馬：単位図法とその適用に関する基礎的研究．土木学会論文集，第60号別冊（3-3），1959, 1-34.
6) 金丸昭治・高棹琢馬：朝倉土木工学講座4　水文学，朝倉書店，1975.
7) 高棹琢馬：洪水流出系の分析と総合に関する基礎的研究．京都大学博士論文，1971.
8) 小尻利治・小林　稔：GIS を利用した分布型流出モデルによる水量，水質の推定．土木学会河川技術論文集，**8**, 2002, 431-436.

7 水質流出・流下モデル

■ 7.1 水質から生態系までの把握

　近年では,有機水銀による水俣病やカドミウムによるイタイイタイ病などのように毒性の強い重金属などによる深刻な環境汚染問題は沈静化してきている.しかし,農薬・肥料の大量使用や生活排水・工場排水の不十分な処理などによる汚染,また,都市域では工場排煙や自動車排気ガスによる汚染が顕在化してきている.

　このように最近の環境汚染問題は,かつての極めて危険な有害化学物質による局所的な汚染問題から,毒性は比較的弱いものの汚染範囲が広範囲であることが特徴である.例えば,工場排煙や自動車排気ガスによって大量に大気中に放出されるさまざまな化学物質やイオウ酸化物・窒素酸化物などは大気中で広範囲に拡散しながら乾性降下物や湿性降下物として地表面に降下し,地圏環境を汚染している.他にも,農地の汚染問題のように汚染地域が特定されず全国規模に及んでいることが特徴である.このように,広域でかつ長期的な汚染が生態系に及ぼす影響はもとより人体に及ぼす影響も深刻なものになると懸念されている.

　さて,都市部からの排水や各種工業に使用される冷却水の排水など,人間活動の結果,環境中に放出される水は水域の自然水より高温なものが多い.これを,温排水と呼ぶ.温排水による熱の供給量が大気中への放熱量を大幅に上回ると周辺地域が高温になる,いわゆる熱汚染が引き起こされる.熱汚染が広域化・長期化すると生態系の破壊など深刻な環境問題が引き起こされる.従って,熱汚染問題を取り扱うためには水循環モデルに熱環境の予測のためのユニットが組み込まれる[1].

■ 7.2 水温分布の解析

　地中温度を一年間通して見てみると,平均温度は年平均気温にほぼ一致している.また,ある深さに達すると,1年中ほとんど変化しなくなる.この層を恒温層という.日本での恒温層深度は,12〜14 m であることが知られており,本モデルでは,D層の基底の深さを約 15 m としていることから,D層内地下水温を一定と置くことができる.いま,地中水温は地中温度と等しいものとすると,深さ y (m) なる点での地中温度 θ_g は,

7.2 水温分布の解析

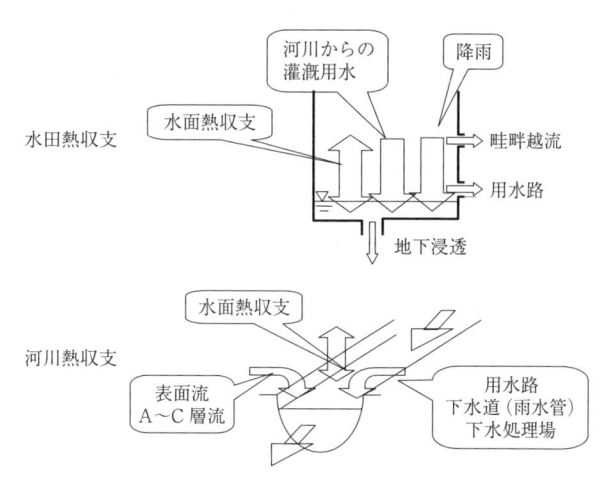

図7.1 河川，水田での熱収支過程

$$\theta_g(y, t) = \theta_0 + D' e^{-y\sqrt{\pi/\chi T}} \sin\left(\frac{2\pi}{T}t - y\sqrt{\frac{\pi}{\chi T}}\right) \tag{7.1}$$

となる．ただし，θ_0 は年平均気温（℃），T は周期（365日），χ は地中での熱の拡散率（0.04 m²/d），である[2]．D' は地表面温度 Ts の時系列変化を sin カーブに近似したときの振幅で，グリッドごとに数値として与えられる．各層から流出する地下水温は，得られる地中温度に等しいとする．都市から流出し下水道（雨水管）に流入する水は非常に流出速度が速く，あまり外界からの影響を受けないため，降雨温度と等しいとする．一方，下水道（汚水管）のうち，下水処理場ではなく浄化槽を経て直接河川へ流入するもの，つまり，家庭排水のうち（1−下水道普及率）分の水温は，各市町村の下水処理場への流入水の温度と等しいものとする．また，降雨温度は湿球温度に等しいとみなす．

水田における熱収支の要素として，降雨，大気，河川からの灌漑用水がある．水面での大気との熱収支は，蒸発散過程での水面熱収支式を応用する．河川からの灌漑用水温度は，取水地点の河川温度とする．さらに，灌漑用水が取水地点から水田に至る間の熱収支は無視できるとみなす．

河川水温度を推定する基礎式は，以下のようになる．

$$C\rho DY\left(\frac{\partial \theta_{riv}}{\partial \theta}\right) = H_0 + \frac{C\rho}{AW}\sum_v q_{Iv}(\theta_{Iv} - \theta_{riv}) \tag{7.2}$$

C：比熱（cal/g℃） ρ：密度（1.0×10^6 g/m³） DY：平均水深（m） θr_{riv}：河川水温（℃）
H_0：単位面積あたりの水面熱収支量（cal/m²s） AW：水面の面積（m²） q_{Iv}：要素 v からの流入量（m³/s） θ_{Iv}：流入水温（℃）

■ 7.3 汚濁物質移流過程

適用する汚濁負荷流出モデルは，水量流出過程で得られた時系列的な水の分布，移動情報を用いて，汚濁負荷物質の挙動をその溶存態と堆積態を考慮した上で追跡するものである．汚濁物質として T-N（総窒素；total nitorogen），T-P（総リン；total phosphorus），COD（化学的酸素要求量；chemical oxygen demand），BOD（生物化学的酸素要求量；biochemical oxygen demand）などを解析対象とすることができる．

汚濁負荷発生源として，原単位で汚濁負荷を発生させる原単位法を用いる．汚濁負荷発生源は，点源（point source）と面源（non-point source）に分けられる．点源とは工場や家庭の特定発生源のことであり，廃棄物の処理，処分方法の改善や下水道整備などによって低減させることができるものをいう．一方，面源とは，大気中の浮遊物，煤塵，粉塵や，これらが降雨に溶解した汚濁物質，都市内を移動する交通等によって排出される排気ガスやごみ，ほこり，タイヤかす，アスファルトかすなど，発生場所が特定できないものをいう．工場，家庭からの排水で下水処理場を経ないものは，合併浄化槽，農業下水道，単独浄化槽のいずれかを通って河川に流されるとする．合併浄化槽，農業下水道を経た汚水は，浄化槽の原単位と取水放水過程で求めた一人当たりの汚水排出量を用いて排出濃度を算定し，単独浄化槽に関しては，一般的に屎尿放出量 Q_{so} が 45 l（40〜50 l）であることを利用する．結局，各放出濃度は以下のようになる．

$$C_{com} = \frac{L_{pcom}}{Q_{sew}} \tag{7.3}$$

$$C_{ag} = \frac{L_{pag}}{Q_{sew}} \tag{7.4}$$

$$C_{so} = \frac{L_{pso} + C_{dis}Q_{sew} - C_{soin}Q_{so}}{Q_{sew}} \tag{7.5}$$

C_{com}：合併浄化槽放出濃度（mg/m^3）　L_{pcom}：合併浄化槽原単位（mg/d. person）　Q_{sew}：1 人 1 日当たりの汚水放出量（m^3/d. person）　C_{ag}：農業下水道放出濃度（mg/m^3）　L_{pag}：農業下水道原単位（mg/d. person）　C_{so}：単独浄化槽放出濃度（mg/m^3）　L_{pso}：単独浄化槽原単位（mg/d. person）　C_{dis}：下水処理場流入濃度（mg/m^3）　C_{soin}：単独浄化槽流入濃度（mg/m^3）　Q_{so}：1 人 1 日当たりの屎尿放出量（0.045 m^3）

面源としては，土地利用毎に原単位を与え，各メッシュの原単位を土地利用の面積率で求める．すなわち，

$$L_{np} = \frac{\sum L_{npu}A_u}{A} \tag{7.6}$$

L_{np}：面源由来の汚濁物質負荷投入原単位（mg/m^{2}day）　L_{npu}：土地利用 u での面源由来の汚濁物質負荷投入原単位（mg/m^{2}day）　A_u：土地利用 u の面積（m^2）　A：メッシュ面積（m^2）

7.3 汚濁物質移流過程

である．

さて，面源由来の堆積物の掃流量 L_{swp} (mg/h) は，Q_h の2乗に比例するものとすると，

$$L_{swp} = k_{wnp} P_{np} Q_h^2 A \tag{7.7}$$

Q_h：水平流出高（m/h） k_{wnp}：面源由来の掃流係数（h/m²） P_{np}：面源由来の堆積汚濁負荷物質量（mg/m²）

と表すことができる[3]．堆積物が掃流すると，隣接する媒体に供給されるものとする．また，流出要素 v からの流出負荷量と流出要素 w から v への流入負荷量は，

$$L_{vout} = \sum C_v Q_{out} A \tag{7.8}$$

$$L_{vin} = \sum (C_w Q_{in} A + L_{swpw}) \tag{7.9}$$

C_v：要素 v の汚濁物質濃度（mg/m³） Q_{out}：要素 v からの流出高（m/h） Q_{in}：要素 w からの流出高（m/h）

堆積，掃流，浸透，蓄積，溶脱などの汚濁物質の挙動は，一次元モデルでの基礎式は

$$\frac{\partial AC_i}{\partial t} + \frac{\partial (AUC_i)}{\partial x} = \frac{\partial}{\partial x}\left(AE_L \frac{\partial C_i}{\partial x}\right) + A\sum S_j(C_j) + L_i \frac{A}{R} + G_i \frac{A}{H} + q_i \tag{7.10}$$

となるが，堆積掃流過程では以下のように書くことができる．

溶存態：

$$A \frac{DC_i S_i}{dt} = C_{np} Rain A - k1 C_i S_i A + k2 P_{np} A + L_{i\,in} L_{i\,out} \tag{7.11}$$

面源由来堆積態：

$$A \frac{DP_{np}}{dt} = L_{np} - kd_{np} P_{np} A + k1 C_i S_i A - k2 P_{np} A - kw_{np} P_{np} Q_h^2 A \tag{7.12}$$

U：断面平均流速 E_L：縦方向分散係数 L_i：河床からの輸送項 G_i：沈降による輸送項 q_i：横からの流入量 R：径深 H：平均水深

汚濁負荷物質放出は，地表面，都市，水田のみとする．また，河川で下水処理場からの排出地点に当たる場所では，$L_{i\,in}$ に下水処理場から出てくる汚濁物質排出量も含む．

また，地下層（A～D層）も以下のように定式化される．

溶存態：

$$A \frac{dC_i S_i}{dt} = L_{i\,in} - L_{i\,out} - k_i \left(C_i S_i - r \frac{P_i + P_{i0}}{P_{i0}} P_i S_{iMAX}\right) A \tag{7.13}$$

堆積態：

$$A \frac{dP_i S_{iMax}}{dt} = k_i \left(C_i S_i - r \frac{P_i + P_{i0}}{P_{i0}} P_i S_{iMax}\right) A - kd_i P_i S_{iMax} \tag{7.14}$$

S_i：i 層の貯水位（m） C_{np}：雨滴中の汚濁負荷物質濃度（mg/m³） $Rain$：降水量（m） k_1：吸着速度係数（1/h） k_2：脱着・可溶化平衡係数（1/h） kd_p：点源由来の汚濁負荷物質の減衰係数（1/h） kd_{np}：面源由来の汚濁負荷物質の減衰係数（1/h） k_i：i 層における吸脱着速度係数（1/h） P_i：汚濁負荷物質堆積負荷量（mg/m²） $r\{(P_i + P_{i0})$

$/P_{i0})$: i 層の吸着平衡定数（1/m）　S_{iMAX} : i 層の最大貯留量（m）　kd_i : i での減衰係数（1/h）

水域に流入した有機物質（例えば，COD, BOD）は，生物学的分解，沈殿，吸着などの作用により減少することになり，これを河川の自浄作用と呼ぶ．汚濁物質の減少を次の1次減少反応式で近似した場合，その減少速度係数を自浄係数といい，河川内水質濃度（mg/m³）は

$$CR(t) = CR(0)\exp\{-kG\} \tag{7.15}$$

　　　t：時間（day）　G：速度係数（自浄係数）（1/day）

となる．自浄係数は河川の状況，汚濁源の状況によって大きく変化し，0.05～10（1/day）の範囲のものが実測されている．河川水中での有機物質の減少は生物学的な分解など有機物質の減少に応じて水中の DO（溶存酸素）を消費するものと，沈殿など DO を消費しないものに分けられるが，室内実験や実河川での測定によるパラメータ同定が不可欠である．

■ 7.4　環境ホルモンによる生態系への影響

　流域の環境の悪化，もしくは，変化が地上・土壌中・水域の生態系に及ぼす効果を評価することは環境予測の上で重要である．例えば，環境中の化学物質は生物中に取り込まれ，かつ，蓄積される．その結果，その毒性によって成長が抑制されたり，環境中に生育可能な個体数が減少したりする．加えて，汚染が著しい場合は生物の死滅や人体へ悪影響を及ぼすことになる[4]．

　水系から流送された汚濁物質の生態系への作用形態は，究極において水生生物体内の反応を介して発現するため，このような過程を明示的にモデル化することと，それが簡易な指標で地域水利用計画の評価指標に利用しうることが求められている．そのために，水生生物の体外水が取り込まれ，生理学的機構にもとづいた化学物質代謝動力学モデルを導入するとともに，それらを生物のライフステージごとに推定し，次世代影響指標を提案した．平成10年から12年にかけての環境庁（のち環境省，建設省による水環境における内分泌かく乱物質の実態調査結果によって，わが国の水系が広範囲にわたってこれらの物質が分布していることが明らかとなった．濃度レベルでみると，ノニルフェノールがもっとも頻度高く検出され，対応上のプライオリティの高い物質として確認された．なお，この調査によって，ビスフェノール A，フタル酸エステル類も高いプライオリティに属していることが判明した．引き続いて，下水道システム分野において，これらの物質の処理可能性について，実態調査が行われると共に operation の改善をベースとした除去可能性に関し精力的な検討が進められている．

　環境中の生物への汚染物質の濃縮やそれによる生物数の減少などを数学モデルと表現し，広域の環境予測モデルに組みこむことが良く行われている[4]．ここで，水生生

物がえらで吸収して体内に貯蓄し，排出によって希釈しているとすると，数式で以下のようにモデル化される[5]．

$$\frac{dCF(t,T)}{dt} = KF_w CF_w + \sum_{n=1}^{N} \beta\, QD_n CF_{en} - (KO + GF)CF(t,T) \tag{7.16}$$

$CF(t,T)$：T歳の水生生物におけるt時間後の体内の化学物質濃度（ng/gwet）　KF_w：えらからの摂取速度係数（/gwet day）　β：化学物質吸収効率　N：えさの種類の総数　QD_n：水生生物による1日当たりの餌jの消費割合（gwet 餌/gwet 水生生物 day）　CF_{en}：餌jに含まれる化学物質濃度（ng/gwet）　KO：1日あたりの水生生物の排泄速度定数（/day）　CF_w：水中の化学物質濃度　GF：1日当たりの水生生物の成長速度定数（gewt/gwet day）

さらに，化学物質暴露による水生生物個体数の応答特性（毒に対する生存割合）を与えると，水生生物個体数の変化が推定できる．

体内中の化学物質の増加によって水生生物の生存可能性が変化するので，化学物質の暴露による生物個体数の変化は，ロジスティック曲線に毒に対する人口の減少項を加えると以下のようになる[6]．

$$\frac{dNF}{dt} = \gamma NF - \frac{\gamma}{EC} NF^2 - h_f(TCF(t) - TCF_0)NF \tag{7.17}$$

NF：暴露を受ける水生生物集団の個体数　γ：集団の増加率　$TCF(t)$：水生生物体内の化学物質濃度　TCF_0：毒物の水生生物への閾値　h_f：毒物が原因となる死亡係数　EC：環境容量

その結果，影響評価は，化学物質が暴露していない場合NF_0と暴露している場合NFとの水生生物の個体数の差で行うことができる．すなわち，

$$Re = \frac{NF_0 - NF}{NF} \tag{7.18}$$

結局，人間への影響評価は全摂取量で評価することができる．基準摂取量に対する暴露量の比を

$$Rh = \frac{CA_w Q_{hw} + CA_u Q_{ha} + CA_f Q_{hf}}{Acceptable\ Daily\ Intake} \tag{7.19}$$

Q_{h*}：要素＊からの暴露量（大気，水，食物），CA_*：要素＊からの摂取係数
Rhが1より大きいと死亡する可能性が高いといえる．

■ 7.5 実流域でのシミュレーション結果

7.5.1 水質汚濁物質による影響

図7.2は最下流地点での河川のBOD濃度である．高水によるフラッシュ効果や低減部での水質変動が理解できる．これも空間分布として捕らえることができ，人口密集地域や汚水処理場近くでの高濃度が把握できているとともに，水質悪化地点や汚濁物質発生地点の特定が可能となる[7]．図7.3も同じく河川水温の時空間表示である．2

7. 水質流出・流下モデル

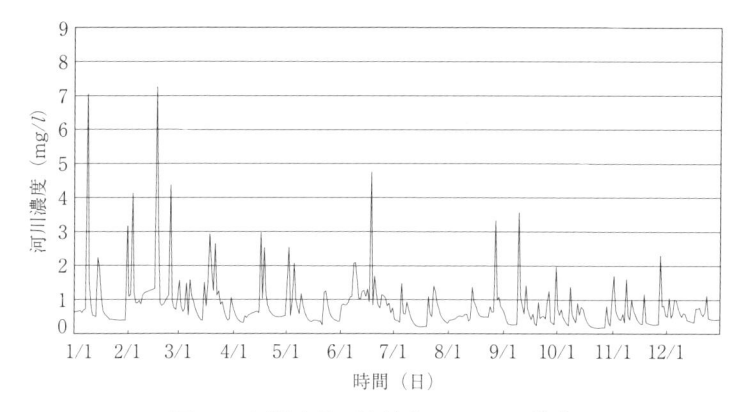

図 7.2 河川内最下流地点での BOD 濃度

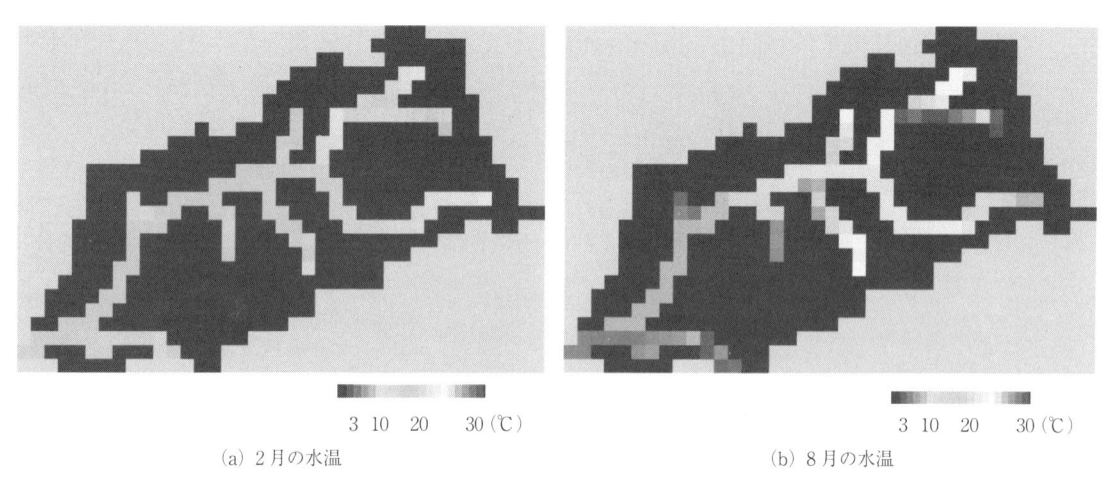

(a) 2月の水温

(b) 8月の水温

図 7.3 河川水温の空間分布

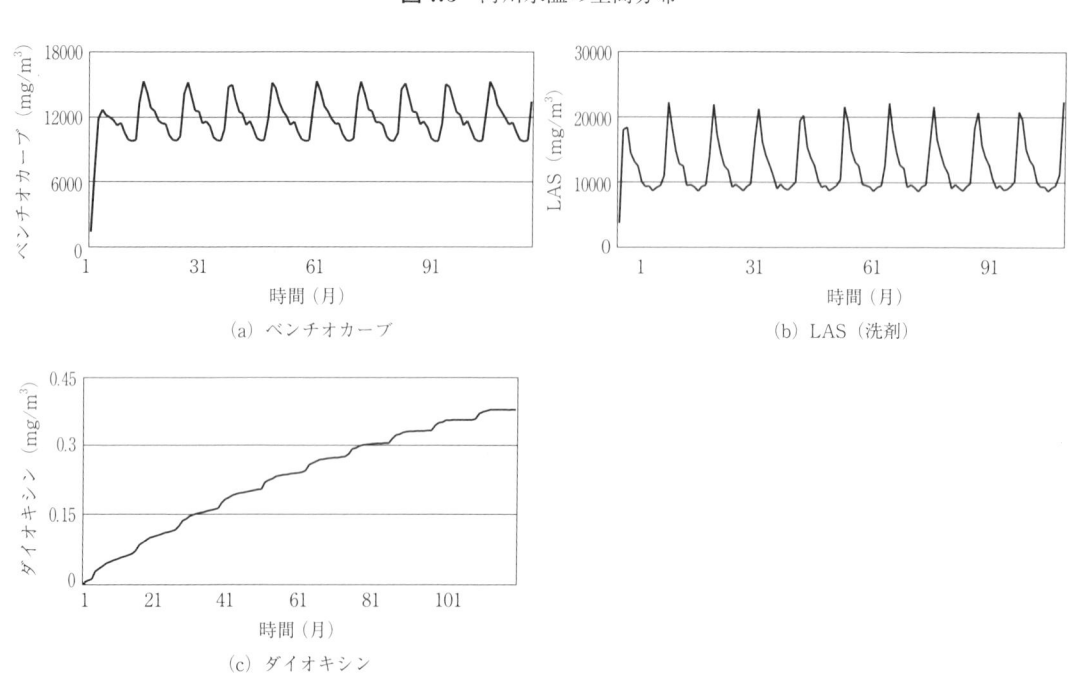

(a) ベンチオカーブ

(b) LAS（洗剤）

(c) ダイオキシン

図 7.4 最下流メッシュでの蓄積濃度

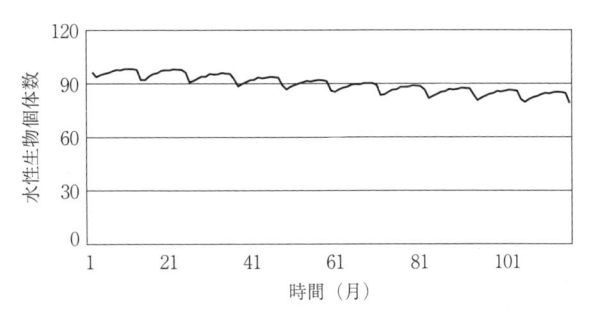

図 7.5 最下流メッシュでの生存可能性

月と8月の平均値を示したが，季節的な水温変動による水生生態系への影響を想像できる．今後，リアルタイムでの水質情報による汚染源の特定化や河川水深・幅がもたらす水生生物の生存特性，および，酸性雨などの大気との連携のモデル化を図り，詳細な流域環境評価を行う必要がある．こうした解析出力の時空間的連続性は，流域内での危険地域の把握が容易になり，総合流域管理における施設の配置・規模決定への重要な指標となろう[8]．

図 7.4 はある流域で，ある化学物質が 10 年間暴露されたとした場合の最下流メッシュでの化学物質蓄積過程である．ベンチオカーブは農薬，LAS は家庭洗剤，ダイオキシンは焼却処理に多く含まれている．利用の時間的季節的変化に加え流量の変化によって蓄積過程に変動があることがわかる．図 7.5 はこうした長期的な暴露がもたらす魚の個体数変化である．暴露前の水質状況では個体数が変化しないとして各係数を設定したことや，一種類しか対象にしていないという問題は残るが，長期間での生態系への影響を推定することができよう．

7.5.2 生態環境予測モデル

環境中の化学物質は生物中に取り込まれ，かつ，蓄積される．その結果，その毒性によって成長が抑制されたり，環境中に生育可能な個体数が減少したりする．加えて，汚染が著しい場合は生物の死滅や人体へ悪影響を及ぼすことになる．環境中の生物への汚染物質の濃縮やそれによる生物数の減少などを数学モデルと表現し，広域の環境予測モデルに組みこむことがよく行われている．ここでは式 (7.15) を利用して，生物体での化学物質蓄積過程を複数の生体内構造としてみる physiologically based pharmacokinetic models（PBPK）の適用を行おう．生態系評価は，突き詰めると生物体内における水を介した反応に帰着し，それが，成長段階を通じて作用することで個体から個体群への影響として発現する．そこで，図 7.6 に示す PBPK モデルを導入する．式 (7.19) は PBPK において，水中からえらを介して溶存化学物質をとりこみ，さらに体内の臓器間の化学物質の輸送と反応をコンパートメントモデルで表現したものである．懸濁物質吸着態についても化学物質を餌として取り込み，堆積・排出過程を定式化している．

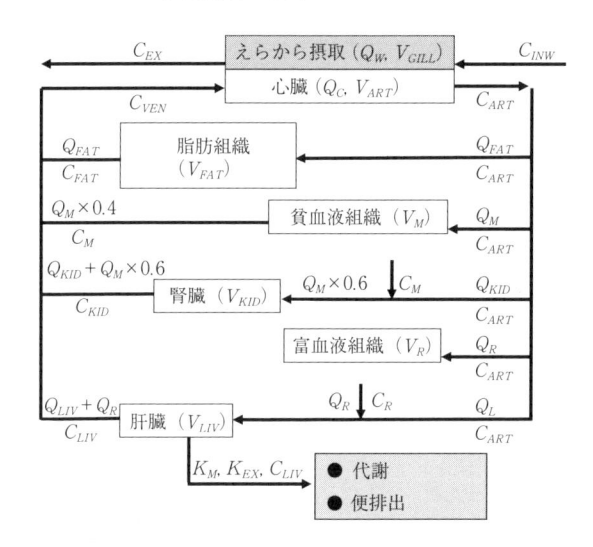

図 7.6 えらからの体内蓄積過程[7)]

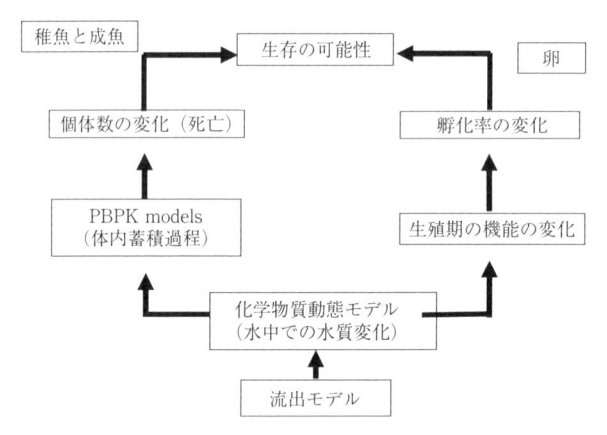

図 7.7 生物再生産への影響過程

$$V_{org}\frac{dC_{organ}}{dt} = Q_{organ}^{in}(C_{organ}^{in} - C_{organ}) - k_{org}C_{org}V_{org} \tag{7.20}$$

V_{org}：臓器の容量　C_{organ}：臓器中の化学物質濃度　Q_{organ}^{in}：臓器への血液流量　C_{organ}^{in}：臓器へ流入する血液の化学物質濃度　k_{organ}：臓器中での化学物質の分解速度

各臓器中の化学物質濃度の成長段階別のインパクトを重ね合わせて，地域水系の評価指標と定義した．その際，成長段階別の個体数はロジスティック関数を適用した．すなわち，

$$\frac{dN_i}{dt} = rN_i - \frac{r}{K}N_i^2 - h(C_{organ}^i - C_{organ}^{i,threshold})N_i \tag{7.21}$$

N：個体数　r：内的自然増加率　K：環境容量　h：死滅速度係数　$C_{organ}^{i,threshold}$：化学物質による影響が出始める閾値

例えば，えらからの体内蓄積は図7.7のようになる．

ノニルフェノールの空間分布をみると，上流から下流にかけて濃度が低下するというよりも，むしろスポット的に高濃度場の出現が認められる．これには近傍メッシュ

7.5 実流域でのシミュレーション結果

表7.1 代表地点における推定されたノニルフェノール濃度

(mg/m^3)

	平均	75%	最大
恵那	2.39×10^{-6}	3.30×10^{-6}	1.82×10^{-5}
土岐	1.46×10^{-8}	1.86×10^{-8}	3.61×10^{-8}
山岡	4.30×10^{-8}	5.86×10^{-8}	1.62×10^{-7}
志段見	1.09×10^{-10}	1.29×10^{-10}	6.44×10^{-10}

表7.2 代表地点における次世代（子）の発生可能性

(%)

	成魚	稚魚	卵	生存可能性
恵那	92.4276	24.2763	100	22.4380
土岐	99.9389	99.3887	100	99.3280
山岡	99.8670	98.6699	100	98.5387
志段見	99.9960	99.9958	100	99.9918

からの排出負荷量の大きさが影響していると考えられるが，流達過程での分解・吸着により水系にまで到達できなかったという理由もありうる．

生物再生産への影響を魚と卵として考えると，図7.7のような過程があり，環境影響評価ということができる．表7.1，2は，再生産として計算結果をまとめなおしたもので，表7.1は代表地点でのノニルフェノールの濃度であり[7]，表7.2は次の世代（子）が発生しうる可能性である．

■ 演習問題

7.1 河川内物質が非保存物のとき，河川を縦方向一次元等流状態で水質分布を定常状態とすれば，河川の水質は

$$C = C_0 \exp\{-kx\}$$

で表されることを示せ．ただし，C は対象とする地点の水質，C_0 は初期地点の水質，k は定数とする．

7.2 河川内物質が非保存物のとき，同一地点での河川水質の提言は

$$CR(t) = CR(0)\exp\{-kt\}$$

で表されることを示せ．t は時間（day），G は速度係数（自浄係数）（1/day），である．

7.3 人口変動は

$$\frac{dNF}{dt} = \gamma NF - \frac{\gamma}{EC}NF^2 - h_f(TCF(t) - TCF_0)NF$$

で表現されている．これを整理すると

$$\frac{dNF}{dt} = a\left(1 - \frac{NF}{b}\right)NF$$

となる．ここに，a, b は整理集約された定数項である．$a=1$，NF の初期値を $NF(0)$，$b=2\,NF(0)$ で表し NF の関数形（$NF(t)$）を求めよ．その上で，人口 $NF(t)$ の変動を推定せよ．

■ 参考文献

1) 小尻利治・東海明宏・木内陽一：シミュレーションモデルでの流域環境評価手順の開発．京都大

学防災研究所年報，**41**B-2, 1998, 119-134.
2) 新井　正・西沢利栄：水文学講座10　水温論，共立出版，1974.
3) 国松孝男・村岡浩爾：河川汚濁のモデル解析, 技報堂出版, 1990.
4) 松井三郎・田辺伸介・森　千里・井口泰泉・吉原新一・有薗幸司・森擇眞輔：環境ホルモンの最前線，有斐閣選書，2002.
5) Nichols, J. W., et al.: A physiologically based toxic-kinetics model for the uptake and disposition of waterborne organic chemicals in fish, *Toxicology and Applied Pharmacology*, **106**, 1999, 433-447.
6) Lensen, L.: Toxicant-induced fecundity compensation － A model of population response. *Environmental Management*, **7**, 1983, 171-175.
7) 東海明宏・小尻利治・吉川仁惠：分布型流出モデルをベースとした生態水質モデルによる流域環境評価. 第6回水資源に関するシンポジウム論文集，2002，229-234.
8) Kojiri, T., Kinai, T. and Park, J-H.: Integrated river basin environment assessment on water quantity, and quality by considering utilization processes, *Proc. of Int. Conference on Water Resources and Environment Research*, 2002, 397-401.

8 総合流域管理

■ 8.1 総合流域管理の必要性

　河川流域は，治水，利水から，環境へと対象を広げて管理されるようになった[1]．まず，流域管理を"流域を全体としてとらえ，水量，水質，流域環境を同時に評価し，他の流域計画，地域計画と調和のとれた状態を達成すること"と定義しよう．その達成に向けて，時空間的な目的関数，評価関数の設定が必要となる．ここで地球上の水文分布を考慮すると，インドネシアなどの熱帯地方では年降水量 3000 mm に対して，日本などの亜熱帯では 2000 mm，エジプトなどの乾燥地帯では 400 mm 程度などと，大きく異なっている．さらに，水量，水質，水利用（都市，農業，産業），水文化などが異なっており，それぞれの地域性に応じた流域管理が必要となる[2]．ここでは，数カ国にまたがる国際河川での政治的な解決法については言及せず，科学的な合理解の導出を図るものである．

　総合流域管理に向けての主目的には，次の4項目が挙げられる[3],[4]．

　i) 流域全体のバランス：　数値情報の整備により，流域をメッシュ化し分布型の流出モデルによる流域全体の把握が可能となってきた．ただし，表面流出部分だけでなく，大気層，地下水層などにより隣接する流域との物質交換が可能で，3次元的な水動態シミュレーションモデルの開発が必要である．

　ii) 水文化などの地域特性：　地域，流域での水環境特性は水文化として地域固有のものであり，社会の成り立ちや活動と深く関わっている．歴史的な水文化の特性を数量化し，あるいは重みとして表現し，全体の評価を進めるべきである．

　iii) 多様な評価項目：　従来の洪水，渇水，水質は当然であるが，生態系，景観，親水性，など，求められる多様な評価項目を考慮しなければならない．対象地域の水資源賦存量や水利用特性に応じて，各目的の取捨を決めなければならない．

　iv) 地球規模での水循環系：　水循環は地球規模で起こっているのは明らかで，気候変動や大気汚染などの長期的，広域的水資源量の議論に際しては，地球規模での水循環を考慮しなければならない．

■ 8.2 流域特性の抽出

　まず，当該地域の水資源賦存量の推定を行おう．近年では世界規模での気象，水文情報を入手できるので，水資源利用可能量の推定を行うことができる．そこで，まず，捉えるべき要素をまとめよう．

　i) 高水流量：　従来同様，計画対象の洪水を安全に流すことが求められる．近年では，超過洪水に対する被害軽減を図るなど，リスク評価が取り入れられるようになった．

　ii) 低水流量：　確保地点での最低水量が設定されており，流量の調整や新たな水源確保対策がとられている．しかし，流域の開発による土地利用状況の変化，生活習慣の変化などにより，流域の水需要には変化が生じるものと思われる．

　iii) 流量のばらつき：　水利用，治水面の両面で考えると，あまりにも大きなばらつきは浸食や河床変動，生態系の変化などの問題を生じることとなる．

　iv) 水質：　環境基準を守るべく，生活・産業排水の浄化や危険物質の排出規制が行われる．すでに，水温，BOD，COD，T-N などに加え，ノニルフェノール，ベンチオカーブなど，多くの種類が存在するが，今後の産業の発展により新たな汚染物質が発生することがあり，常に影響把握と監視体制が必要である．

　v) 生態系：　水量，水質，河川構造の関数で表現されるが，水生生物とそれを取り囲む植生，生態系として流域環境を表示する重要項目である．

　vi) 親水性：　治水効果を保持しつつ日常の親水機能を高めるべく，河岸形態考慮して水面へのアプローチや周囲の景観になじむような設計が求められている．

　vii) 景観：　その地点に適した河川，河岸，地域形状があり，親水性，アクセシビリティとあわせて河川環境の一要素となる．

　viii) 河川へのアクセシビリティ：　流域各地点から河川へのアクセスのしやすさを表わす．アクセシビリティの高い地点は，多人数の受け入れが可能ということになる．

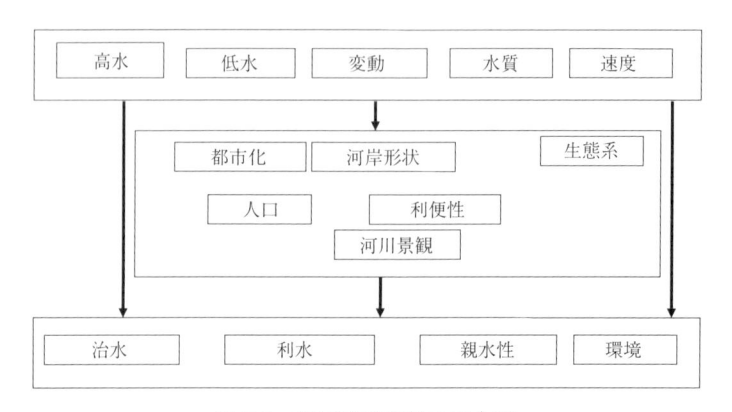

図 8.1　流域環境評価の概念図

一方，流域において，どれほど都市化が進行しているかということは，蒸発散，流出形態などへの影響だけでなく，その地域での河川の役割を意味することにもなる．すなわち，山岳部，郊外部，都市部，それぞれで望ましい形態があり，河岸形態や親水機能の評価を変えなければならない．そこで，流域を人口，土地利用に応じて3種類（山岳部，郊外部，都市部）に分け評価項目の設定を行った．また，各要素は，評価項目と複雑に絡み合っており，図8.1の下段が評価項目，上段が基本物理要素，中段が人工的，環境的複合要素である．

■ 8.3　流域の評価

8.3.1　評価軸の決定

主要な評価軸であるが，人命に関わる治水，水利用での利水は簡単に想定できる．次に，健康な水環境の指標となる水質，水環境の豊かさを現す生態・植生系，となる．その上で，快適な水辺環境を示す親水性，および地域特有の水利用や活動を保全する水文化，ということになる．これはすべての地域，地点での必要項目ではあるが，地域的な緊急性があり，治水だけ，利水だけという場合も存在する．しかし，持続可能な水資源開発，水利用形態を考えると，こうした多項目を総合的に評価する必要性が明らかであろう．基本的にはこの6軸に関して，外周上（満足点）で評価されることが望ましい（図8.2）．すべての流域で，6軸で評価する必要はなく，地域や水文特性に応じて評価軸を決めなければならない．

さらに，地域特性として次の要素が考えられる．

- 上流，中流，下流：　人口分布を利用するが，日本のように河川が短く，山地から河口までの利用形態（自然，農業，宅地，大都市）が明白な場合に利用できる．
- 歴史，水文化：　水に関連する歴史的現象，社会的利用方法をメッシュごとにまとめる．例えば，古の治水事業，ため池，輪中・水屋，名水，など．水理的，水文学に価値がある場合，地域的な特色を残したいものなどで区別し，その重要性を表示する．
- 湖の評価：　広域的な湖はその周りに特有の水社会を形成している．水位，水質

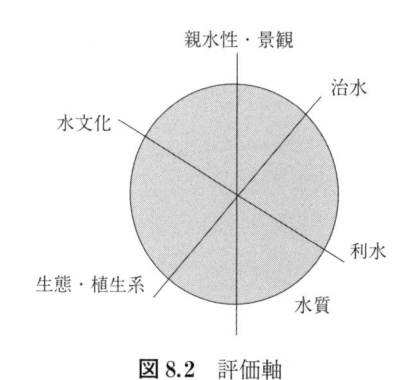

図 8.2　評価軸

変動による水利用効率を導入しなければならない．

8.3.2 評価手順

日本のような降水量が豊富なところ（年間約 1800 mm）で，経済的に発展しているところでは，すべての項目を評価すべきであろう．開発途上国のように，過剰な洪水，渇水の悩まされているところは，第1目的を設定し，同時にそれのよる多項目への影響を示せばよい．したがって，地球規模での降水‐水資源分布をベースに評価の統合化を行うために，類似性評価で威力のあるファジイ理論を導入し，合理的かつ普遍的なアプローチを提案する[5),6)]．

流域において，どれほど都市化が進行しているかということは，蒸発散，流出形態などへの影響だけでなく，その地域での河川の役割を意味することにもなる．すなわち，山岳部，郊外部，都市部，それぞれで望ましい形態があり，河岸形態や親水機能の評価を変えなければない．そこで，流域を人口，土地利用に応じて3種類（山岳部，郊外部，都市部）に分け評価項目の設定を行う．すなわち，各項目に対して，利用上の評価を加味することになる．

まず，それぞれで快適な値と安全性の限界値を設定する．それを 1, 0 と正規化し，現在の状態と共に数値化する．高水は洪水流と計画高水が相当する．流量のばらつきは斜面崩壊の発生や河床の安定性につながっており，水理学上の値として算定できる．

1) 治 水

高水に関する評価値を $FFH(Qh)$，崩壊等に関連する評価値を $FFF(Qff)$ で表すと，これをファジイ集合とみなして

$$FHi = \min\{FFH(Qh, FFF(Qff))\} \tag{8.1}$$

となる（図 8.3）．

2) 利 水

低水量，低水時のばらつき，水質が関連しており，それぞれ $FFL(Ql)$，$FFG(Qlf)$，$FFQ(Qm)$ で表すと

$$FWi = \min\{FFL(Ql),\ FFG(Qlf),\ FFQ(Qm)\} \tag{8.2}$$

となる．

3) 水 質

利水と深く関わっているが，水質基準として河川の適切性を評価される場合があり，

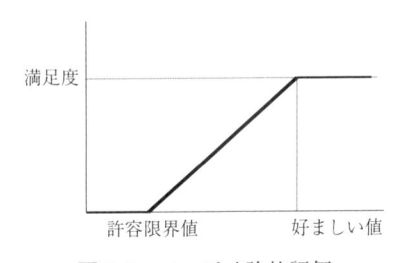

図 8.3 ファジイ論的評価

単独での評価値を算定する．水質の種類を WPn とおくと

$$FPi = \min_n \{FFQ(WPn)\} \tag{8.3}$$

となる．

4) 生態・植生系

その地域の自然環境を保持すべく，出来るだけ自然時の動物種，植物種とその数を確保することである．絶滅時を最悪，未開発時を希望形態，現状（絶滅していない）をその間の点として評価を行う．

$$FBi = \min[FFB(Biotan), FFV(Vegin)] \tag{8.4}$$

5) 水文化

地域での歴史的関係が重視されるもので，水文化遺産や関連行事で評価される．しかし，その保全や実施に当たっては，水量，水質も含む関数となる．すなわち，ファジイ推論により

IF 水文化遺産の重要性，水量・水質の状況， THEN 水文化遺産の保全状況 FFC

IF 水関連行事の重要性，水量，水質の状況， THEN 水関連行事の保全状況 FFS

となる．それぞれの評価値を FFC, FFS とすると水文化としては

$$FCi = \min\{FFC, FFS\} \tag{8.5}$$

6) 親水性・景観

水量，水質，生態・植生系，河岸・湖岸形態，河川へのアクセシビリティで評価される．河岸・湖岸形態，河川へのアクセシビリティは近郊の人口分布に重要度が依存されている．したがって，河岸・湖岸形態は以下のように評価される．

IF 近郊の人口密度，土地利用， THEN （都市河川（副断面），景観護岸，自然護岸）

アクセシビリティは交通網，駐車場，河川への経路を意味するので，当該地点で

IF 交通網，駐車場，河川への経路， THEN アクセシビリティの高さ

となる．すると，

IF 水量，水質，生態・植生系，河岸・湖岸形態，河川へのアクセシビリティ，

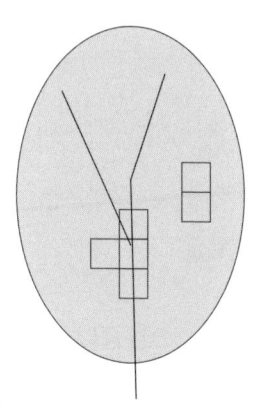

図8.4 メッシュでの流域評価の概念図

THEN 親水性評価 FAi

景観に関しては，護岸形態だけでなく周辺の構造物やその位置の占める意義との関係で評価され

　　IF 位置，護岸形態，周辺の構造物 THEN 景観 FVi

となる．親水性と景観は，河川の付加価値の一種とみなし，統合化される．

$$FRi = (FAi + FVi)/2 \tag{8.6}$$

いずれのIF-THENルールもファジイ推論によって算定されるものとする．それぞれの評価軸での評価が行われると，レーダチャートで全体の偏りを確認することとなる．ただし，この評価軸は，元来の水資源賦存量や国の経済状況によって決定されるべきであり，1軸や2軸の場合も存在する．例えば，開発途上国で降水量が少ない乾燥地帯では，灌漑関連の利水が最優先される．

前述の評価値は，地理情報によって分割された流域メッシュ毎に与えられる．図8.4のような河川系を考えると，河川沿いでは治水が求められ，取水口では利水が重要となる．そこで，流域全体への評価値は以下のようにして決定しよう．

治水に関しては，河川沿線上，あるいは排水路網を対象として，最小値とする．

$$WFH = \min_i (FHi)$$

利水に関しては，取水口などの基準地点ではあるが河川，排水路での評価が可能として

$$WFW = \min_i (FWi)$$

とする．水質も河川と排水路で評価される．

$$WFP = \min_i (FPi) \tag{8.7}$$

生態・植生系は河川沿線と限定する．

$$WFB = \min_i (FBi) \tag{8.8}$$

ただし，水質や生態系に関しては周りの人口密度や位置（山岳地，都市部など）によって，ファジイ推論のメンバーシップ関数が異なるものとする．水文化は河川沿線だけでなく地域と密接したものであり，その構成域（氏子など）で示すことになる．数個の水文化があれば，最小値ではなく平均値として与えることができる．

$$WFC = \text{average}\{FCi\} \tag{8.9}$$

親水性・景観は，河川の付加価値と定義されているので，河川系全体での平均値となる．

$$WFR = \text{average}\{FRi\} \tag{8.10}$$

■ 8.4 総合流域管理計画の策定

8.4.1 ファジイ論的な方法での統合評価

渇水状況（低水流量），水質（BOD）による利水を例として説明しよう．IF-THEN型に大まかに設定された各々の状態の組み合わせに対して，評価内容を規則

8.4 総合流域管理計画の策定

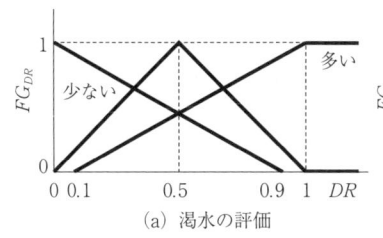

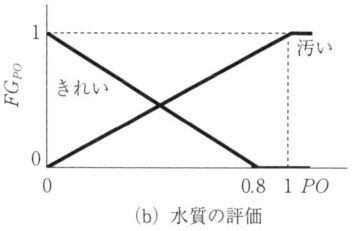

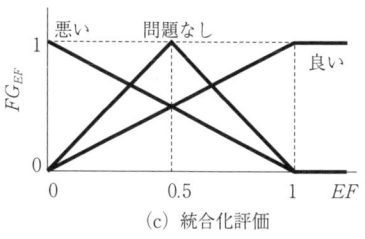

図 8.5 ファジイ推論による評価の総合化

(a) 渇水の評価
(b) 水質の評価
(c) 統合化評価

表 8.1 利水に関する評価ルールの例

ファジイ規則	DR（低水流量）	PO（水質）	EF（評価）
1	少ない	汚い	悪い
2	並	汚い	悪い
3	多い	汚い	問題なし
4	少ない	きれい	問題なし
5	並	きれい	良い
6	多い	きれい	良い

として設定する．渇水流量を（多い，少ない）の2種類，水質を（汚い，きれい）の2種類とすると，規則は4個となる．計画あるいは観測された流量，水質を各規則に当てはめ，前件部の評価を行う．図の形状は任意に決めたものであり，環境基準意志決定者間の議論により設定される．

表 8.1 および図 8.5（a），(b) で，前件部の適合度は

$$FGj(i) = \min\{fh_{dr,j}(DR(i)), fh_{po,j}(PO_{BOD}(i))\} \tag{8.11}$$

$FGj(i)$：規則 j でのファジイ値　$fh_{dr,j}(\ )$, $fh_{dr,j}(\ )$：低水および水質に関するファジイメンバーシップ関数

で求められる．

　統合評価値としては，面積法を用いると，規則に対応する後件部のメンバーシップ関数を前件部適合度でカットし，そのカットされたメンバーシップ関数を重ね合わせそれによる重心を評価値とするものである．後件部も，良い，問題なし，悪い，の3種類とすると4個のカットされたメンバーシップ関数が得られ，それらを重ね合わせた重心が評価値となる（図 8.5（c））．

$$EU = h_{EVA}\{FG_j\} \tag{8.12}$$

ここに，$h_{EVA}\{FG_j\}$ はカットされた後件部メンバーシップ関数の重ね合わせたものを意味している．また，カットされたメンバーシップ関数の値と離散的な評価内容とで統合化する高さ法やメンバーシップ関数の面積を用いる面積法も存在する．

8.4.2 策定手順

　流域管理を実行するためには，流域の現状あるいは，望ましい状況が評価され，その上でそれを改善する，あるいは達成する手順が必要となる．従来の河川管理計画や水資源計画では，シナリオ分析や数理モデルへの定式化を計り，費用最小化，あるい

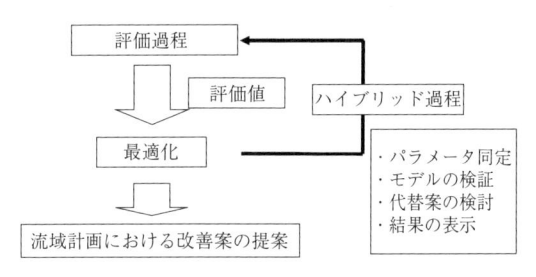

図 8.6 流域管理としての最適化手順

は便益最大化として求められていた．しかし，その方法では，直接の最適化では，流域のもつ時間的，空間的な広がりを十分考慮することができないので，シミュレーションと結合させたハイブリッド型の流域評価手順が望まれる．

流域管理を実行するためには，流域の現状あるいは，望ましい状況が評価され，その上でそれを改善する，あるいは達成する手順が必要となる．従来の線形や非線形計画法上での最適化では，流域のもつ時間的，空間的な広がりを十分考慮することが出来ず，シミュレーションと結合させたハイブリッド型の流域評価手順が望まれる[5]（図 8.6）．ここでは，広い探索範囲をもち，できるだけ多くの場合を想定できること，なおかつ局所解に陥ることが少なく最適解にたどり着くことができるという視点より，遺伝的アルゴリズムの導入をはかる．その適用手順をまとめると以下のようになる．

　ⅰ）流域シミュレーションによる評価結果より，施設配置対象とする地点を設定する．
　ⅱ）計画予算を設定する．
　ⅲ）施設の規模・能力によって費用を設定する．
　ⅳ）GA により最適化を行ない，配置する施設の規模・能力を決定する．

遺伝的アルゴリズム（genetic algorithm；GA）は，生物進化（選択淘汰，突然変異）の原理に着想を得たアルゴリズムであり，確率的探索・学習・最適化の一手法と考えることができる．構造・操作は比較的単純であり，またシミュレーションに要する時間も短い．しかも最急降下法などの従来の手法に比べ，より広い探索範囲をもつ事ができ，局所解に陥ることが少ないという利点をもつ．

GA は，計算機上に仮想環境を作り，その中で，遺伝子情報をもつ個体として存在する染色体（chromosome）が，その形質によって算定される環境に対する適応度に応じて世代交代していくというものである．その手順は

　ⅰ）初期集団の発生
　ⅱ）初期集団の適応度算定
　ⅲ）遺伝的操作（genetic operation）による世代交代
　ⅳ）新たな世代の適応度算定

となる．ⅲ）の遺伝的操作と ⅳ）の新たな世代の適応度算定の部分が終了条件が満たされるまでのループとなる[7]．

初期集団は，乱数を用いてランダムに決定される．ここで決定した個体（individual）

数(population size)は，通常固定値をとり，世代交代の際にある個体が失われると，何らかの手段で補充される．また，各個体は，その染色体を見てみると，その形質を決定する配列で表現されたコードである遺伝子(gene)が存在し，それらの組み合わせパターンとして遺伝子型(genotype)と分割できる．遺伝子は，そのデータ配列により，環境に対する適応度という数値を持っており，遺伝子の組み合わせにより存在する染色体は，全体としての適応度を持つことになる．そして，世代交代の際，適応度に応じて次世代に生き残る確率が算出される．GAには淘汰・増殖，交叉，突然変異と呼ばれる3種類特徴的な世代交代操作があり，次のように用いられる．

淘汰・増殖(selection)： 個体のもつ適応度により次世代に生き残る確率を算定し，その生存確率によって世代交代時にある個体が消えてしまうことを淘汰と呼ぶ．淘汰により失われた個体に対して，生き残った個体のうち，適応度の高いもので補充することを増殖という．

交叉(crossover)： 次世代を作り出す時に，ある一定の確率(交叉率：crossover ratio)で，旧世代から任意に2個体を選んで親個体とし，親個体の遺伝子を組替えることにより次世代に2個体作り出すことを交叉という．交叉を行うことにより，親の優れた(適応度の高い)資質を受け継ぐことができ，探索する上において飛躍的な前進を遂げることができる．交叉には様々な種類があり，ある1箇所より後の部分で遺伝子の入れ替えを行う単純交叉(simple crossover)や，複数の個所で遺伝子を入れ替える複数点交叉(multipoint crossover)，交叉時にマスクをかけ，親のどちらの遺伝子を受け継ぐかを決定する一様交叉(uniform crossover)などがある．

突然変異(mutation)： 遺伝子の情報をある一定の確率(突然変異率：mutation ratio)で対立遺伝子に書き換える操作を突然変異という．これは，世代交代の途中で，全く新しい探索場所から探索を始めることができ，それにより局所解に陥ることを防ぐことができる．

本章では，流域の評価導出を受けて，その低評価値改善案の提案という形での流域最適化手法としてGAを利用する．つまり，どの地点にどのような設備の施設を建設すればよいかというものである．よって，各世代の染色体に与えられるべき情報としては，3項目(場所に関する項，規模に関する項，能力に関する項)となる．ここで，これらを1個の染色体に全て情報として与え，最適化を行うと，膨大な組み合わせを試行することとなる．ただし，建設する，という情報が与えられた地点でのみ，規模，能力に関する項で構成された染色体によりもうひとつのGAを行い，最適解を導出する．場所という条件が満たされた後，規模，能力という施設自体の最適化を行うということから，条件付きGAと呼ぶ．

8.4.3 適用方針

具体的な適用として，庄内川での1例があるが，まだ水文化などが含まれておらず，今後適用範囲を広げる必要がある．図8.7は利水だけを対象とした最適化結果である．

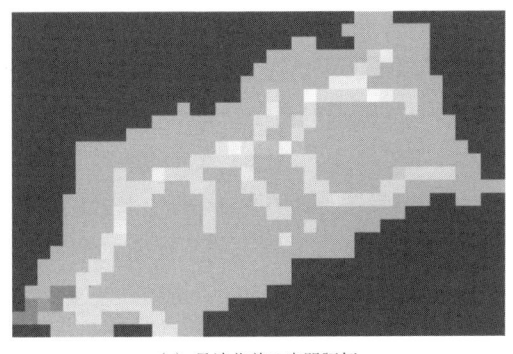

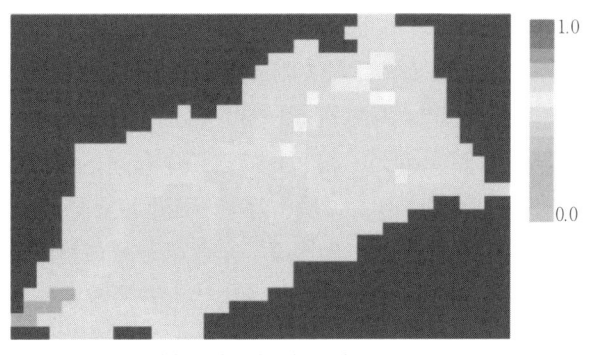

(a) 最適化前の空間評価　　　　　　　　(b) 最適化後の空間評価

図 8.7 利水におけるハイブリッド最適化の結果

水処理施設の効率的建設を目的としてハイブリッド最適化を適用したものである．空間的な評価の達成（表価値の最小化）がわかる．今後は，実質的な統合化の適用が必要であり，その手順として，

- 世界での水資源賦存量の推定を行い，利用可能水量の分布を求める．
- 日本，乾燥地域（イランあるいはエジプト），多雨地域（インドネシア）の水文資料を収集する．
- 水利用，水文化の特性を収集する．
- 評価軸を決める．
- 各項目での数値を決め，メッシュでの評価を行う．
- 流域全体の評価を行う．評価軸は同じ重みとするので，低い値が多い流域は環境が悪いということになる．
- シミュレーションにより，改善すべき事項を明らかにする．
- ファジイ推論のルールやメンバーシップ関数は，適用時に適宜修正を加えるものとする．

が考えられる．水は，大気中では全世界とつながり，地下では，他の地域，流域にまたがっている．一方では，人間の生活に無くてはならないものであると共に，洪水，渇水，汚染，親水性などの身近な多項目と密接に関係している．従って，水問題は，個人，流域，地域，世界，の観点より見ていく必要があり，広い視野と公正な立場からの議論が求められよう．

■ 演習問題

8.1 ある流域で河川護岸の設計を行っている．上流域（自然が多い山間部），中流域（都市，里山，農耕地が混在している中間部），下流部（都市がほとんどの河口に近い人口密集部）における護岸形式について論じよ．

8.2 ウォータープラン 21 では
　i）「持続的水利用」
　ii）「水環境の保全と整備」

iii)「水文化の回復と育成」

が重要課題とされており，具体政策として

① 水資源開発，維持管理のコスト削減・省力化

② 水環境の保全対策

③ 安全でおいしい水の確保

④ 地震・渇水に強い水供給の確立

⑤ 水に対する新たなニーズへの対応

が求められている．各項目の評価方法について論じよ．統合化をする必要はない．

8.3 ある水系での治水評価が，IF-THEN 表現で（高水流量，流量変動）を前件部，後件部として治水の安全性（あるいは，堤防の必要性）となっているとしよう．すなわち，

ファジイ規則	FL（高水流量）	ST（流量変動）	EF（評価）
1	高い	激しい	危険（要堤防）
2	普通	激しい	危険（要堤防）
3	低い	激しい	問題なし
4	高い	少ない	危険（要堤防）
5	普通	少ない	問題なし
6	低い	少ない	問題なし

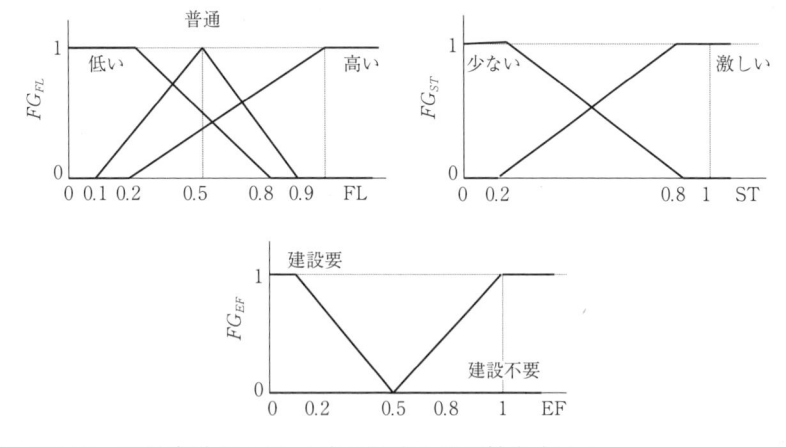

今，高水流量が 0.75，流量変動が 0.45 の時の堤防の必要性を求めよ．

■ 参考文献

1) 国土庁：新しい全国総合水資源計画（ウォータープラン 21），1999．
2) 吉川勝秀：河川流域環境学 –21 世紀の河川工学–，技報堂出版，2005．
3) Kojiri, T. and T. Teramura：Integrated river basin environment assessment and planning through hybrid simulation processes. *XI IWRA World Water Congress*, 2003.
4) 小尻利治・寺村和久：ハイブリッド型最適化による流域総合管理に関する基礎的研究，京都大学防災研究所年報，**44** B-2, 2001．
5) 菅野道夫：ファジイ制御，日刊工業新聞社，1988．
6) 水本雅晴：ファジイ理論とその応用，サイエンス社，1993．
7) 北野宏明編：遺伝的アルゴリズム，産業図書，1993．

9 気候変動と渇水対策

■ 9.1 地球温暖化の概要

　図9.1は，よく用いられるここ140年間の地表平均気温の変化である．平均すると100年で約0.6℃の上昇がみられ，近年の50年間には急激な上昇が観測され，地球温暖化を否定することはできない．日本の平均では，ここ100年に約1℃の増加が観測されている．また，大気大循環モデル（GCM）によると，二酸化炭素倍増などのシナリオ下ではあるが，今後100年間の地表温度や降水量予測によると2050年ごろには2℃ほどの上昇，2100年ごろには3℃ほどの上昇と10％程度の降水量増加が予測されている[1]．夏の高気圧のヘリが変化してきているのが観測されており，揚子江にかかった500 hPaのヘリのため高気圧の縁を回る大気の流れができ，それによって海から水蒸気が運ばれ，結果として豪雨になったのではないか，と推定されている．

　地域的にみると，降水量はカナダ，ヨーロッパの中緯度と，シベリアあたりで増加し，アフリカなどの熱帯付近で減少しているようである．欧州では，ジェット気流の経路が移動し，降水量分布が変化したことが示された．2002年のエルベ川洪水は，そうした湿った空気の移動経路に高気温帯によるブロック現象が発生し，長期降雨となった．中国に関しては，全体では温度上昇は特に顕著というわけではないが，各地で気象水文災害（洪水，渇水）が多発している．ここ50年でみると線形的に気温上昇がみられ，約1.12℃の上昇である．GCMからの推定では，中国北西部での気温上昇が

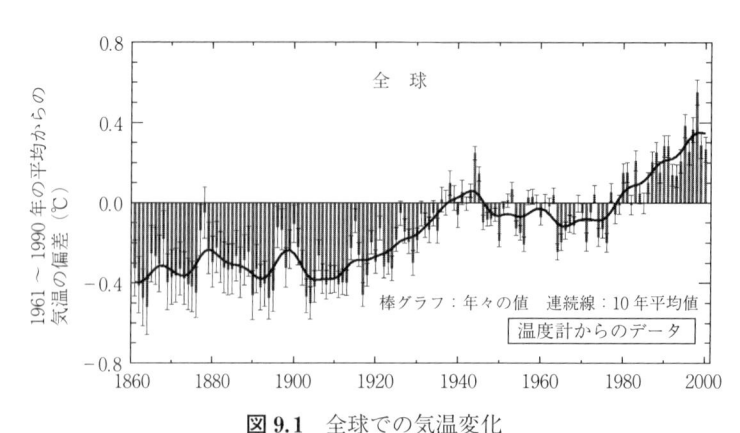

図9.1　全球での気温変化
陸域における地表付近の気温と海面水温の平均．

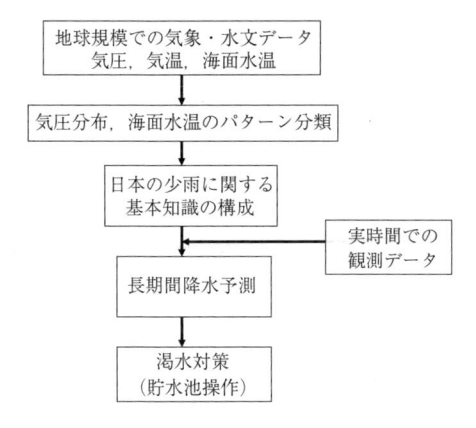

図 9.2 降水予測手順

著しく，また，全体で降水量が増加するようである．黄河流域では降水量の増加は少なく，気温上昇のため蒸発散による消費が多く，深刻な水不足が予想されている．オーストラリアでは最低気温の上昇が目立っている．降水量は数十年おきに東部での乾燥化，南部での多雨化，中部での多雨化西部・南部での乾燥化など，移動現象が起こっている．GCM の予測結果では，次第に乾燥化が進むことになる．また，地球全体では，極から離れる地域では海水の塩分濃度が下がる．

日本全体では，減少傾向にあると共に変動幅，地域差が大きくなっている．季節的に見ると，北陸，山陰の日本海側で降水量が減少し，東北，関東の太平洋側で増加している．冬のモンスーン経路が移動したのではないか，と思われる．結局，日本では暖冬傾向で日本海側の降雪量が減少し，梅雨前線や夏場の台風に気候変動の影響がもたらされるであろう．また，強い短時間降雨の増加が顕著である．

さて，降水は，太陽の放射エネルギーが大気や海洋に吸収されて水分移動や熱エネルギー移動を促進した結果と，大気の循環過程で発生するものである．すなわち，各種の気象，水文要素の分布が，長期降雨の発生に寄与しているということができる．一方，最近の気象・水文観測網の整備や人工衛星の発達のよって，地球規模での観測情報が入手できるようになった．そこで，水資源という観点からは，渇水時の少雨現象を予測するため，気象要素と対象域での少雨現象に着目し，北半球での気温分布，地球規模での平均海面温度，日本での気温・降水量分布のパターン分類を行う．ついで，分類された結果をもとに，基準地点での降水量予測を行うとともに，任意地点へダウンスケールし，予測降雨（流入量）として貯水池操作を実施する必要がある[3]（図9.2）．

■ 9.2 気候変動に対する課題

気候変動は，洪水や渇水の発生など，社会的な被害状況によってその深刻性が評価される．インドでは，エルニーニョ時に高温となり，渇水がもたらされる．また，ラ

ニーニャとの相関もあり，地球規模での気象状況との関連を検討する必要がある．実時間にあたっては，気象条件に対応して，必要な精度で河川流量を求める必要がある．すなわち，季節規模での予測をダウンスケールによって流域や日単位（あるいは10日）へ落とし，運用に結びつけることになる．流域単位で見ると，降水の発生回数も減少し，降雨継続期間も短時間化している．土壌が乾燥しているのか，降雨−流出ピークのレスポンスが早くなっており，長良川では，6時間が5時間に短縮しているところもある．加えて，温暖化によって蒸発散量が増加するので，有効降水量が減少し，土壌の乾燥が促進される，と考えられる．影響評価のためには，システム的に流域の土壌特性，植生変化による流出形態を調べる必要がある[4]．

人間活動によって温暖化の発生，洪水・渇水の増加が予想されるのと同様，都市部での人工排熱，土地被覆，排水システムによって，洪水・渇水の形態が変化している．異常超過現象への対応には，ハードとソフトの2面があり，ハードでの施設建設には時間的予算的に限界が伴い，ソフト的なリスクマネジメント対応の必要性が求められる．すなわち，水工施設群操作の高度化，避難・軽減システムの確立，復興支援システムの設置，である．少雨の長期化という点では，木曽川では，10年に1回との安全度で計画されているが，実際には80日間の不足が予測されている．節水や断水が不可欠となり，水利用の安定性が損なわれることになる．防災時の避難シミュレーションを行い，住民の対応を予測したり，情報伝達過程を図式化し，システムとしての災害対応の限界と改善を把握する必要がある．

総括すると，課題としては
- 降水量の時空間的変動特性の把握
- 流出水量，水質予測とその変化による植生，生態系への影響
- 地球規模，流域規模，都市規模での水循環系の変化
- 弾力的な流域水資源システムの管理方式
- 湖沼，ダム貯水池での貯留特性
- 農業，水利用，社会経済における水需要量，水消費活動の変化

ということができる．

9.3 パターン分類による少雨をもたらす気象要素の抽出

9.3.1 少雨と気象要素の特徴

地球規模での気圧，気温分布は，特定の地域における長期的気候特性を規定している場合が多く，過去の類似配置を利用して予測される場合が多い．そのためには，時空間的な気象要素の特徴抽出手法や当該地域での気象推論過程の開発が必要となる．パターン分類は画像認識や音声分類の一環として開発・発展してきた分野であるが，ここでは，その情報工学的処理性能を活用し水文・気象要素の分類と推論に適用する．

気象要素として入手が容易な北半球の月平均500 hPa気圧高度データと全球での

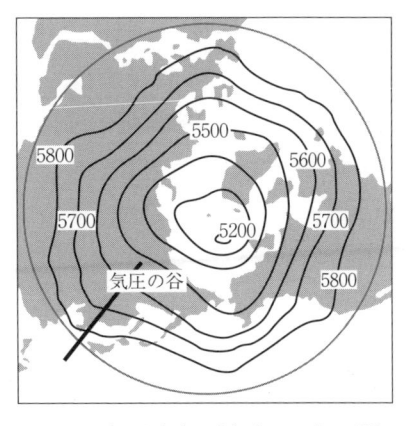

図 9.3 気圧分布の例（1994 年 9 月）

月平均海面水温分布を利用する．500 hPa 気圧高度分布の示す 500 hPa 等圧面は，地上気圧が約 1000 hPa であることを考えると大気の中心ということができ，5000〜6000 m の高度に位置する．月平均 500 hPa 等圧面の示す波形は，波長が約 10000 km であり，その持続期間は約 5 週間で超長波と呼ばれる．超長波の性質として，谷の前面には低気圧性循環が，尾根の前面には高気圧性循環が発生する．さらに，極うずと呼ばれる極付近に位置する低気圧があり，日本の気温や降水量に大きく影響を与えている[5]．図 9.3 に示す 1994 年 9 月の気圧分布を用いて説明しよう．9 月には九州付近に気圧の谷があり，中部地方から東の地方で降水量が多くなった．これは，気圧の谷の前面では降水量が多くなるためである．また，北半球全体での等圧面に大きな蛇行がみられる時は，日本の降水量の 1 ヵ月あるいは 2 ヵ月先の降水量に影響が現れることが指摘されており，名古屋では 10，11 月に少雨となっている．加えて，中緯度付近に存在する極うずが北極地方に停滞したため秋雨前線が南下しなかったのも少雨の原因となっている．1993 年の冷夏はこの逆で，極うずが極付近に停滞したので梅雨前線が北上できず，日本は冷夏と長雨となった．このように，日本上空での等圧面の概況と極うずの位置，また，等圧面（超長波）の形状は，降水量を予測する上で重要な要素である．

次に，海洋と日本の気象の関連を考えると，エルニーニョ現象があげられる[6]．エルニーニョ現象とはペルー沖で平年に比べて水温が 2〜4℃高くなることで，海だけにとどまらず大気にも異常現象が現れる．1982 年のエルニーニョ時には日本では，1983 年が暖冬で，1984 年は少雨であった．最近では，反対の現象（ラニーニャ）も現れており，海水温と気温の相互作用との見地から大気大循環モデルに組み入れた研究も進んでいる．

台風に関しては，日本に多くの降水をもたらす要素であることに疑いの余地はない．日本南部から赤道付近の海水温度が低いと大気の上昇気流が発達せず，台風の発達個数の減少や小規模での台風となり，結局，少雨となる．さらに，海面水温分布は海流の動きと相まって地域気候に影響を与える．

以上の要素をまとめると，以下の6項目になる．
1）気圧高度
- 日本付近上空での等圧面の複雑性
- 北半球全体での等圧面の形状
- 極うずの発生場所・規模

2）海面水温
- エルニーニョ現象
- 日本南部での海面水温分布（台風）
- 日本海流，千島海流との関連

9.3.2 気圧高度分布の知識ベース的表現

解析には，1961年から1994年の34年分の月平均500 hPa気圧高度データを利用する．日本上空での気圧高度等圧面の複雑性を把握するのにフラクタル次元を導入する[7]．このフラクタル次元は，図9.4のような複雑な形状に対して，次式のように定式化される．

$$SD(i,j,n) = Fc_1(CD(i,j,n))^{1/DJ(i,j,n)} \tag{9.1}$$

$SD(i,j,n)$：i年j月でのnmの等圧面の球面上の長さ，Fc_1：高度によって異なる比例定数 $CD(i,j,n)$：i年j月でのnmの等圧面の長さ

$DJ(i,j,n)$が求めようとするフラクタル次元である．

超長波の複雑性を求めるには，前出のフラクタル次元を利用する．すなわち，

$$(AH(i,j,n))^{1/2} = Fc_2(PH(i,j,n))^{1/D(i,j,n)} \tag{9.2}$$

$AH(i,j,n)$：i年j月でのnm以下の等圧面の表面積，Fc_2：高度によって異なる比例定数 $PH(i,j,n)$：i年j月でのnmの等圧面の周囲長さ

フラクタル次元は高度ごとに得られるので，全体として平均と分散を算出する．得られる変数をまとめると，以下のようになる．

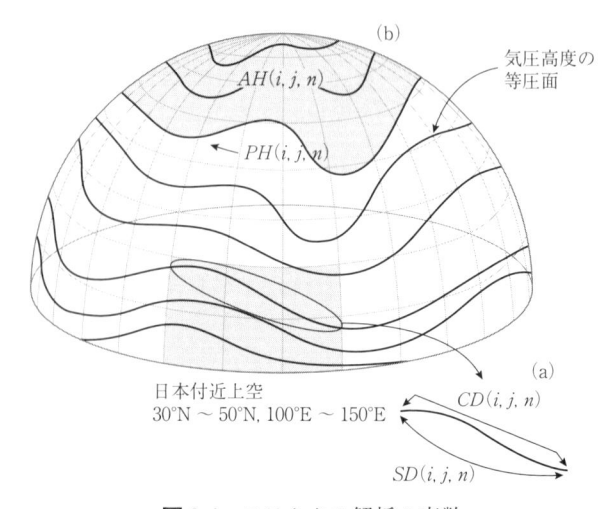

図 9.4 フラクタル解析の変数

日本上空での等圧面の平均：$ADVJ(i,j)$
日本上空での等圧面の分散：$VADJ(i,j)$
北半球での等圧面の平均：$ADV(i,j)$
北半球での等圧面の分散：$VAD(i,j)$

一方，観測された中で最も低い等圧面の重心を極うずの位置と定義し，$xc(i,j)$, $yc(i,j)$ で表されるものとする．

9.3.3 海面水温分布の知識ベース的表現

海面水温は，全球2度ごとの格子点で与えられているが，計算の都合上，緯度，経度4度ごとに平均化した．エルニーニョ現象の発生地域としては，北緯4度から南緯4度，西経150度から90度までを対象に，次式によって特徴抽出を行う．

$$EL(i) = \frac{\sum_{j}^{T}\sum_{k}^{Nel} XST(i,j,k) - AVE(j,k)}{T \cdot Nel} \tag{9.3}$$

$EL(i)$：海面水温に関してエルニーニョ発生地域での i 年平年偏差の平均値　$XST(i,j,k)$：i 年 j 月 k 地点での観測水温　$AVE(j,k)$：j 月 k 地点での平均値　T：分類に用いられる期間　Nel：発生地域での観測点総数

台風の発生については，対象域を北緯0度から30度，東経120度から140度に限定して次式より特徴抽出を行う．

$$TY(i) = \frac{\sum_{j}^{T}\sum_{k}^{Nty} XST(i,j,k) - AVE(j,k)}{T \cdot Nty} \tag{9.4}$$

$TY(i)$：台風発生地域での i 年平年偏差の平均値　Nty：発生地域での観測点総数

日本海流と千島海流の勢力分布は，日本近海（北緯35度から45度，東経145度から180度）の海面水温を用いて特徴抽出を行うことができる．すなわち，

$$JP(i) = \frac{\sum_{j}^{T}\sum_{k}^{Njp} XST(i,j,k) - AVE(j,k)}{T \cdot Njp} \tag{9.5}$$

$JP(i)$：日本近海での海面水温の i 年平年偏差の平均値　Njp：観測点総数

9.3.4 水文・気象現象のパターン分類化

パターン分類化手法を適用するには，現象間の類似性を表す評価項目と評価関数を定義しなければならない[8]．気圧分布，海面水温など異なる項目を統合する必要があり，ここではファジイ理論を導入する．ファジイ理論は，曖昧な減少をある区間（例えば，0～1）で評価し，それを基準に数学的展開を図るものである[9]．この基準はファジイメンバーシップ関数といわれ，得られている変数 $ADVJ(i,j)$, $VADJ(i,j)$, $ADV(i,j)$, $VAD(i,j)$ に対して，図9.5のような関数形を与えることができる．この形状には明確な基準はなく，望ましい分類結果が得られるようにパラメータを修正する必要がある．その結果，日本上空での等圧面の平均，日本上空での等圧面の分散，北半球

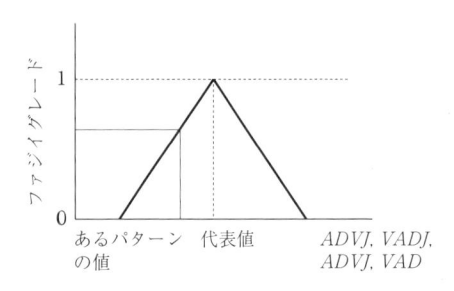

図 9.5 ファジイメンバーシップ関数の例

での等圧面の平均，北半球での等圧面の分散のメンバーシップ関数値が，それぞれ，$w_{ADE}(m,i,j)$, $w_{VAD}(m,i,j)$, $w_{ADEJ}(m,i,j)$, $w_{VADJ}(m,i,j)$ で与えられる．すると，ファジイ和より，日本上空での等圧面と北半球での等圧面の類似度は

$$w_D(m,j) = \min(w_{ADE}(m,i,j), w_{VAD}(m,i,j)) \tag{9.6}$$

$$w_{DJ}(m,j) = \min(w_{ADEJ}(m,i,j), w_{VADJ}(m,i,j)) \tag{9.7}$$

となる．この値を評価値とみなして分類を実行していくことになる．さらに，極うずの位置のファジイメンバーシップ値を $w_X(m,i,j)$, $w_Y(m,i,j)$ とすると，類似度はその平均値として

$$w_{XY}(m,i) = \min_j \left\{ \frac{w_X(m,i,j) + w_Y(m,i,j)}{2} \right\} \tag{9.8}$$

で与えられ，3個の統計量を合わせたものはそのファジイ積をとり，

$$w_{ap}(m,i) = \max\{w_D(m,i), w_{DJ}(m,i), w_{XY}(m,i)\} \tag{9.9}$$

となる．$W_{ap}(m,i)$ がクラスターセンター m と対象となる気象分布との類似度である．同様に，海面水温に関しても，エルニーニョの類似度を $w_{EL}(m,i)$, 台風発生領域を $w_{TY}(m,i)$, 日本近海を $w_{CU}(m,i)$ で表せば，それらの統合化はファジイ積により

$$w_{SST}(m,i) = \max\{w_{EL}(m,i), w_{TY}(m,i), w_{CU}(m,i)\} \tag{9.10}$$

となる．

■ 9.4 知識ベース型長期降水量予測

分類された地球規模での気象要素と日本内の基準地点での相関性を求め，気象情報と降水量のパターンを IF-THEN 形式で表す．相関性は的中率により算定され，IF-THEN 形式に置き直すと，知識番号 p では，

$$Rp : \text{IF 気圧分布 is } Ap \text{ and 海面水温 is } Sp, \text{ THEN 基準点降雨 is } RPp \tag{9.11}$$

となる．ただし，Ap, Sp, RPp は分類された結果であり，実時間での観測値とは異なる．そこで，知識 p の下での基準地点の降雨量予測にニューラルネットワークを利用する．また，観測値と知識 p ($p=1, 2, \cdots, P$) との類似性を考慮するために，ファジイ推論で予測値の統合化を行う．結局，降水量予測の算定手順は図 9.6 のようになる．

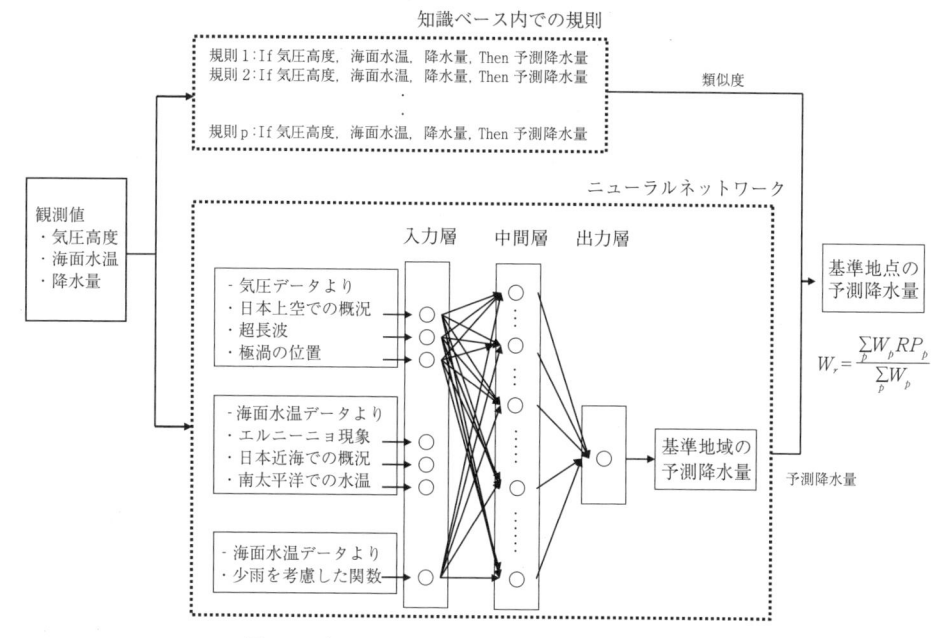

図 9.6　知識ベースを利用した降水量の予測手順

$$W_r = \frac{\sum_p W_p RP_p}{\sum_p W_p}$$

■ 9.5　実流域での分類と評価

9.5.1　知識ベース型での降水量予測

　気圧と海面水温のパターン分類には1961年〜1994年の34年分のデータを使用した．予測には，重複するが，パターンの形状と数には影響が少ないとして中部地方で渇水被害をもたらした1994年を用い，T流域で適用した．

　特に顕著な分類が得られた1月の気圧高度結果の代表例を図9.7に示す．時間的な形状の相違を見ると，極うずの位置の変化や発達・衰弱過程が把握できた．北極近傍の低高度部の形状に，1個，あるいは2個と大きな相違が確認できる．フラクタル次元の適用により，北半球全体の等圧面の形状が他のパターンより複雑なパターンも得られている．

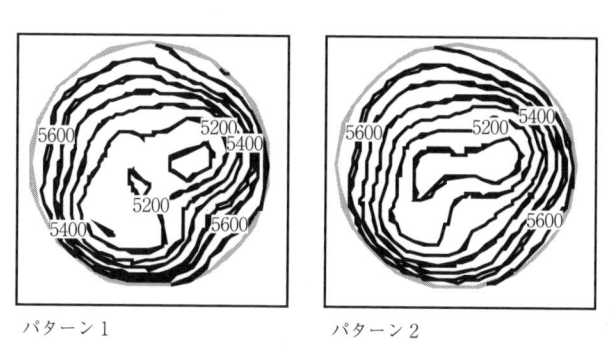

図 9.7　分類された気圧高度の代表例（2ケース）（1月）

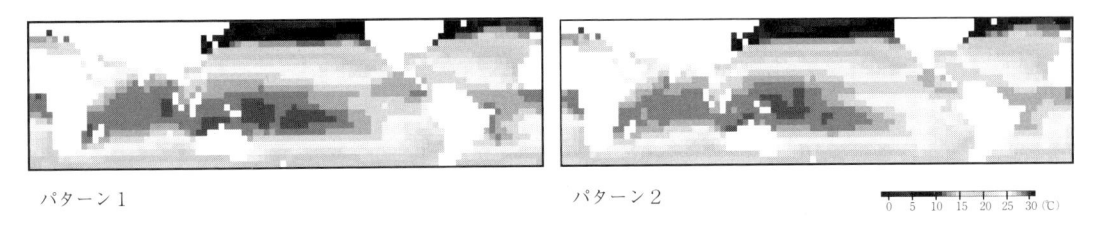

パターン1   パターン2   0 5 10 15 20 25 30 (℃)

図9.8 分類された海水面温度の代表例（2ケース）（2月）

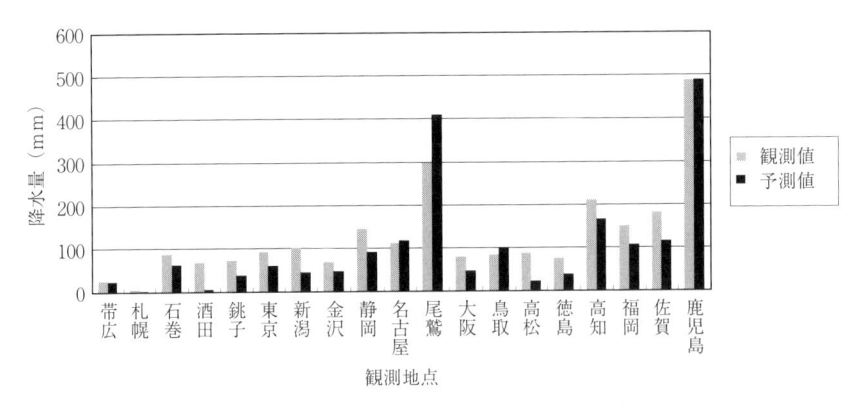

図9.9 日本の主要地点での3ヵ月予測

海面水温はその分類特性を示すため2月の代表例を図9.8に示す．11種のパターンに分類されたが，特徴のある2ケースを示しており，1983年のエルニーニョも抽出されている（パターン1における赤道太平洋東部に広がる高温部）．台風の発生領域での温度変化や日本近海での温度変化が捉えられており，ファジィ理論での効率的な特徴抽出ができたといえる．

気圧，海面水温，日本の降水量間の知識の形成は的中率の原理を用いた．ほぼ1種類づつのパターンが対応するする結果となり，簡単な IF-THEN 形式が得られている．

過去3ヵ月を観測値として将来の3ヵ月予測を行った．図9.9は1994年の5月，6月，7月の予測値である．この時期は全国的に200 mm 前後の異常少雨であったが，150 mm 前後の結果も得られており，傾向を把握することはできた．平年並みであった1993年12月から1994年1月，2月の予測も行ったが，ほぼその特徴を捉えることはできた．対象流域での降水量予測はニューラルネットワークでスケールダウンされているが，中間層を9個にした．気象情報より2段階の予測を経ているので平均的な値になっているものの，それでも少雨傾向を予測することができた．日本では，少雨が3ヵ月続くと渇水被害が発生し，ダム貯水池では節水操作が求められている．気候変動が予測される今日，こうした降水・流量予測方法と貯水池操作・水利用体系との連動を図り，効率的な水資源運用が必要である．

9.5.2 確率マトリクスでの安全度変化

任意のダムでの安全度の変化を推定しよう[10]．水量レベル単位は $5.0 \times 10^4 \, \text{m}^3$，離

散数は10とする．観測されている降水量は減少傾向にあるので，以下の4パターンを解析対象に設定した．

(a) 変化なし（気温±0℃，降水量±0％）
(b) 気温＋3℃，降水量±0％
(c) 気温＋3℃，降水量＋10％
(d) 気温＋3℃，降水量－10％

気温は蒸発散にだけ影響し，他の流域条件に変化はないものとする．水量の確率マトリクスは，設定された変化に対応するよう平均値だけを移動させ，標準偏差は不変とした．

解析には，実流域における30年分の気象，水文データを利用し，雨期（5月〜10月）と乾期（11月〜4月）での月単位操作を行った．流入量確率マトリクスでの離散数は6，貯水，放水量については8，降水量の条件付確率マトリクスは離散幅を5mm/日，離散数を6とした．

図9.10は1年間の信頼度の推移である．途中で安全度が変化しているのは，最初が初期状態（貯水量が満杯）から雨期での定常状態を，2度目が雨期から乾期への移行特性を表している．計算の結果，現況のままが一番安全度が高く，以下，（＋3℃，＋10％），（＋3℃，0），（＋3℃，－10％）の順で下がっている．最終的には，信頼度が10％から15％の減少が発生するようである．さらに，夏期と雨期では蒸発散量に差があり，その結果，確率マトリクスも変化し，安全度が大きく変わっている．

図9.11は水質に関する安全度の変化である．初期水質値が大きな要素となっており，冬期になると水位が減少し貯水池内濃度が上昇したため，安全度が低下している．降水量や蒸発散量の増減によって水質安全度も変化することがわかった．水量の離散数を6段階，貯水池内水質を完全混合，離散数を水量に対応する範囲としたため，精度の低い結果となってしまった．

気候変動の影響を把握するため，水量確率マトリクスを気温，降水，前期水量の関数で算出し，簡単なシナリオ下で変動解析を行った．この適用結果では，気温3℃上昇，降水10％減少になると，貯水池を含む水資源システムは最大で15％の安全度低

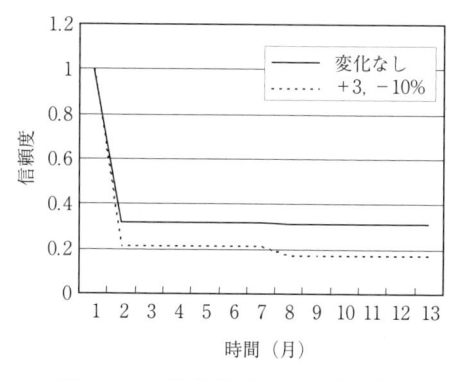

図9.10 気候変動下での信頼度系列（初期貯水量を満杯とした場合）

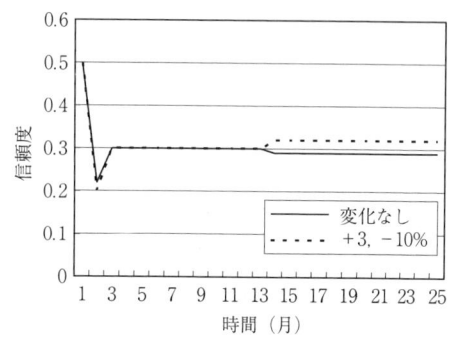

図9.11 気候変動下での水質に関する信頼度系列

下を受けることが予測された．流域・地域の開発や整備に対応して，流出，貯留，水利用過程を含む総合的な対策の必要性が求められている．

■ 演 習 問 題

9.1 地球温暖化によって流域水資源とその関連要素の受ける影響範囲を図示せよ．

9.2 農業用水の需要量が，以下のように気温，降水量，およびそれまでの使用量を説明変数として次式で表される[9]．気温が3℃上昇し，降水量が10％増加する場合と気温が3℃上昇し，降水量が10％減少する場合の需要量の変化割合を求めよ．

$$QA(t+1) = -0.03 - 0.01R(t-4) + 0.02T(t-4) + 0.83QA(t) + 0.14QA(t-2)$$

ここで，$QA(t)$はt日の農業用水取水量，$R(t)$は日降水量，$T(t)$は気温の流量換算値を示す．日本の年降水量を1600 mm，農業用水を年570億m^3とする．

9.3 温暖化による生活様式の変化を論じよ．

9.4 6月の平均気温が22.5℃（4.3, 4.7, 8.2, 14.1, 18.6, 22.5, 26.2, 27.5, 23.5, 17.7, 11.9, 6.6 計185.8）の地域において，水田で気温が3℃上昇することによる蒸発量の増加割合を求めよ．例えば，Thornthwaite法を用いて算定せよ．

■ 参 考 文 献

1) 気象問題懇談会：「温室効果検討部会」報告について．気象庁資料, 1990.
2) 気象庁：IPCC地球温暖化第三次評価報告書, 2001.
3) Kojiri, T.:Impact analysis on water resources system due to global warming through classified input patterns and mesh-typed run-off model. *Proc. XXV Congress of IAHR*, Vol. I, 1993, 377-384.
4) IPCC第2作業部会編：地球温暖化の影響予測, IPCC第2作業部会報告書, 中央法規出版, 1992.
5) 気象庁編：1ヶ月予測指針, 1981.
6) 山崎道夫・廣岡俊彦：気象と環境の科学, 養賢堂, 1993.
7) 高安秀樹：フラクタル, 朝倉書店, 1986.
8) 小尻利治・T. E. ウニー：水文データへのパターン分類化手法の適用性評価．水文・水資源学会誌, **2**, 1989, 53-59.
9) 萩原将文：ニューロ・ファジイ・遺伝的アルゴリズム, 産業図書, 1994.
10) Kojiri, T.:Probabilistic estimation and simulation of water resources system due to global warming. *Stochastic Hydraulics'96, IAHR*, 1996, 303-310.

10 数理計画法によるシステム管理

■ 10.1 ダム操作の概要

　線形計画法は、既にパッケージ化されたものが普及しているので、ここでは、方法論そのものは議論しない.

　水資源システムとして、ダム、堰、取水口、導水路などが存在するが、一般的な管理対象としてダム貯水池を取り上げる. ダムの操作目的には、治水、利水、発電などの単一目的と、それらが組み合わさった多目的操作が存在する. 治水操作は、洪水流量のピークを抑えることであり、次のような手順がある[1].

　i) コンジットゲートあるいは自然放流: ダムに設置された排水路による自然放流で、人的な制御を含まない.

　ii) 一定量放流: 図10.1中の点線で表されるように、流入量がある基準値を超えるとその量を貯留する方法である. 基準値は、計画流入量（計画高水）に対して貯水池容量が有効に働くように設計されており、小洪水では貯留できない場合や大洪水ではオーバーフローするときがある.

　iii) 一定率放流: 図10.1中の実線が相当する. 流入量がある基準値（洪水流量）を超えると一定の割合で流入量を放流しようとするものである. 流入量を貯留する期間が長くなり有効容量に対して制御効果が減少するが、小洪水や大洪水に対応できるので広く適用されている.

　iv) 不定率放流: 複雑な流入や残流域ハイドログラフでも制御効果が出るよう、制御理論や最適化理論に基づいて操作する方法である.

　例えば、一定率放流方式では、次のように定式化されている[1].

$$Release = 0.296(Inflow - 1000.0) + 1000.0 \quad (\text{m}^3/\text{sec})$$

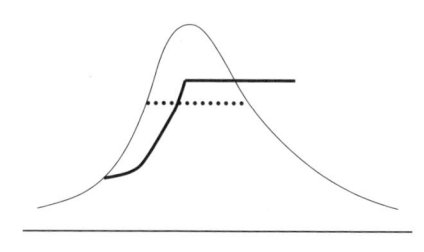

図 10.1　ダム操作（一定率放流の概念図）

すなわち，1000 m³/sec（洪水流とみなされる基準流量）以上になると，その超過分の 0.296 を放流するというものである．流入がピークを過ぎても放流を続け，次の洪水に向けて貯水池容量を確保することが義務付けされている．

次に，利水操作であるが，基本的には必要な水需要量を満たすように流況調整が行われる．統計的に得られる流入量，水需要量，貯留量曲線に対して，貯留量ができるだけ逸脱しないように節水操作がなされる．図 10.2 では，節水注意や第 1 次節水，第 2 次節水の基準を決めておき，貯流量がそれを下回る場合は節水操作（協議）に切り替わる．

深刻な渇水では，ダムの貯留量を使い切っても十分対応できないことがある．そうした異常渇水に向け近年では，渇水対策ダムが提案され，緊急時の水補給として用意されている（図 10.3 中の縦線でカバーされている部分）[2]．

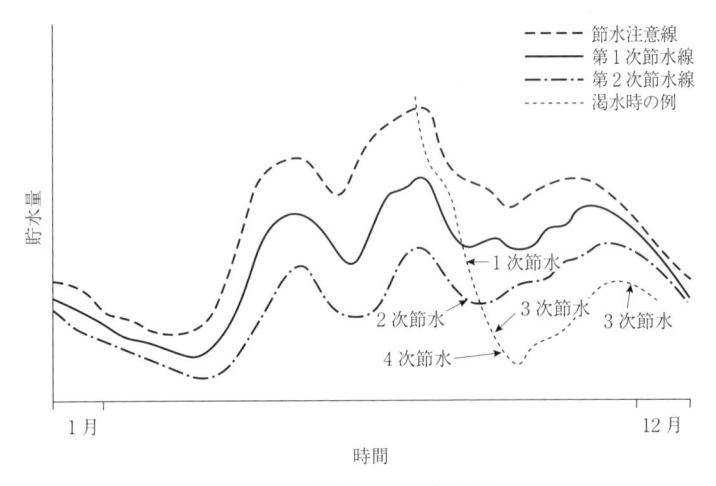

図 10.2 渇水操作の概念図

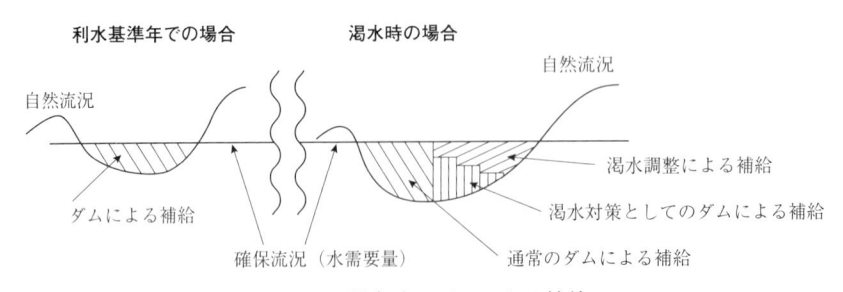

図 10.3 渇水時のダムによる補給

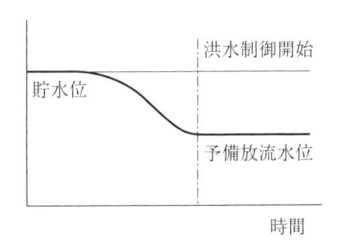

図 10.4 発電用ダムの水位変化

発電用ダムの操作であるが，発電用ダムは水位を維持すればよいので，細かい操作ルールは有していない．しかし，洪水時には，洪水制御水位に下げておく必要があり，無駄のない低減化が望まれる（図10.4）．

まず，発電効率は次式のように流量と水位の積で表される．ここで，貯水池を三角錐で表現すると貯留量は

$$J = \sum_{t=1}^{T} \{9.8 \cdot Q(t) \cdot H(t)\} \tag{10.1}$$

$$S(t) = \{h(t)\}^3 \{6D/BL\}^{-1} \tag{10.2}$$

$Q(t)$：発電施設へ送られる水量　$H(t)$：発電施設までの水頭差　D：ダム堤体の高さ
B：堤体の長さ　L：満水時の堤体から貯水池上流端までの距離

となる．初期貯水量（満杯）から洪水制御水位（貯水量）への移行を必要条件とし，できるだけ発電効率を維持することを制御目的とすると，以下のような最適操作の定式化が可能である．本式は動的計画法で定式化されており，詳細は後述する．

$$f(S(t)) = \max[D\{C1 \cdot (S(t))^{1/3} + C2\} + f(S(t+1))] \tag{10.3}$$

$C1, C2$：便益を表す係数

■ 10.2　線形計画法によるシステム管理の定式化

線形計画法（linear programming；LP）[3]の適用例として，単一ダムでの定式化を行おう．システムは図10.5に示すとおりで，制御目的を単一貯水池で，供給量による便益を最大化，と設定する．

目的関数は，次のように定式化される．

$$J = \sum_{t=1}^{T} f(QO(t)) \tag{10.4}$$

制約は，貯水池の連続式と容量と放流能力より

$$S(t+1) = S(t) + I(t) - O(t) \tag{10.5}$$

$$S(t) \leq V \tag{10.6}$$

$$QO(t) \leq Qd \quad (QO(t) = O(t)) \tag{10.7}$$

V：利水容量　$QO(t)$：取水地点流量（一般には放流量 $O(t)$ が用いられる）

いま，連続式を時系列として行列表示すると

$$\begin{vmatrix} S(1) & +QO(1) & & \\ -S(1)+S(2) & & +QO(2) & \\ & \vdots & & \\ & -S(T-1) & & +QO(T) \end{vmatrix} = \begin{vmatrix} S(0)+I(1) \\ I(2) \\ \vdots \\ S(T)+I(T) \end{vmatrix} \tag{10.8}$$

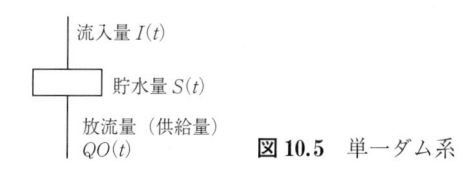

図 10.5　単一ダム系

となり，制約式は貯水量と放流量に関して

$$\begin{vmatrix} S(1) & & \\ & \ddots & \\ & & S(T-1) \end{vmatrix} \leq \begin{vmatrix} V \\ \vdots \\ V \end{vmatrix} \tag{10.9}$$

$$\begin{vmatrix} QO(1) & & \\ & \ddots & \\ & & QO(T) \end{vmatrix} \leq \begin{vmatrix} Qd \\ \vdots \\ Qd \end{vmatrix} \tag{10.10}$$

となる．一方，連続式より

$$\sum QO(t) = S(0) - S(T) + \sum I(t) = \text{constant} \tag{10.11}$$

が成立する．そこで，決定すべき変数ベクトルを $\boldsymbol{X} = \{S(t), QO(t)\}$，制約式の係数行列を $\boldsymbol{B}$（1あるいは0を要素とする行列），制約式の乗数項を $\boldsymbol{C}$（初期貯水量，最終貯水量，流入量，貯水容量，最大放流可能量，などの既知変数）で表すと，目的関数を最も簡単化な

$$J = \sum_{t=1}^{T} A \cdot QO(t) \tag{10.12}$$

とした場合，LPの定式化は

$$\begin{aligned} & J = \boldsymbol{AX} \rightarrow \max \\ & \boldsymbol{BX} \leq \boldsymbol{C} \end{aligned} \tag{10.13}$$

となる．しかし，乗数 $\boldsymbol{A}$ では，$\boldsymbol{J}$ も一定値になり管理は意味を成さない．そのため，目的関数として非線形関数を用いその部分整形化によりLPでの最適化を図る必要がある[4]．

■ 10.3 部分整形化

図10.6のような非線形関数（下に凸）とすると，最小化問題での部分線形化は，

$$0 \leq U_m^y \leq Q_{md}^y - Q_{md}^{y-1} \tag{10.14}$$

で表されるので，評価値は

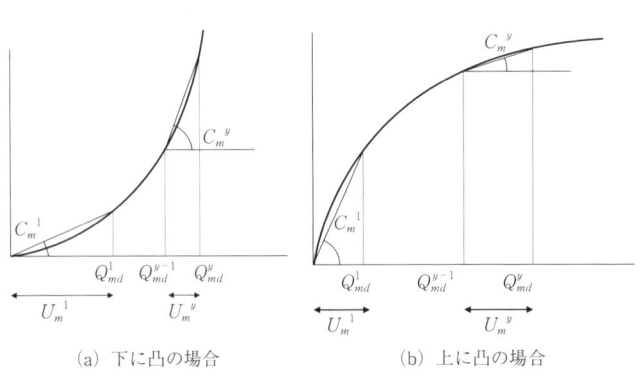

図10.6 部分線形化
(a) 下に凸の場合
(b) 上に凸の場合

$$D_m\{Q_m(t)\} \cong \sum C_m^y \cdot u_m^y \quad 0 \leq u_m^y \leq U_m^y \tag{10.15}$$

となる．そのときの変数値は

$$Q_m \sum u_m^y \tag{10.16}$$

である．最小化問題であるので，u は常に下位の値から満たされていくことになり，変数の連続性は保障される．一方，最小化問題での上に凸の関数では，

$$0 \leq U_m^y \leq Q_{md}^y - Q_{md}^{y-1} \tag{10.17}$$

$$U_m^y - \alpha_m^y(Q_{md}^y - Q_{md}^{y-1}) \geq 0 \qquad \alpha_m^y = 0, \, or, \, 1 \tag{10.18}$$
$$- U_m^{y+1} + \alpha_m^y(Q_{md}^{y+1} - Q_{md}^y) \geq 0$$

で，変数の連続性が保障されることになる．したがって，評価値は同じく

$$D_m\{Q_m(t)\} \cong \sum C_m^y \cdot u_m^y \quad 0 \leq u_m^y \leq U_m^y \tag{10.19}$$

であり，変数は

$$Q_m \sum u_m^y \tag{10.20}$$

となる．α は変数がその範囲を満たしているかどうかの指標で，0 の時は変数はより小さい値をとり，1 の時は当該領域かそれ以上であることを意味している．

結局，貯水池の連続式，制約式に部分線形化された評価関数を加えることによって，線形計画法で最適解を求めることができる．

■ 10.4　動的計画法による定式化

動的計画法（dynamic programming；DP）は在庫問題として提案されたもので，初期在庫量と最終在庫量が与えられれば，その間の最適在庫管理計画を立てるものである[5]．コスト最小問題とすると，以下のように定式化される．すなわち，$S(1)$：初期の在庫量，$S(T+1)$：最終在庫量，Smax，Smin：在庫の上，下限，$I(t)$：配達される入力，$X(t)$：販売される出力，とおくと，連続式は

$$S(t+1) = S(t) + I(t) - X(t) \quad \text{Smin} \leq S(t) \leq \text{Smax} \tag{10.21}$$

となる．いま，$t+1$ 期のはじめに持ち越すべき在庫量 $S(t+1) = Y$ を指定し，時点 1 から n までで，費用が最小になっている場合の値を $Fn(Y)$ で表す．すなわち，

$$F1(Y) = \min\{\sum f(X(t))\} \tag{10.22}$$

であるので，初期 $t = T$ の時は，

$$F1(Y) = f(S(T) + I(T) - Y) \tag{10.23}$$

となる．ただし，f は費用関数である．これは，関数漸化式（recursive equation）として最適性の原理により

$$Fn(Y) = \min\{Fn-1(Y - I(t) + X(t)) + f(X(t))\} \tag{10.24}$$

となり，順次計算できることになる．ここでは，最終値を決めて，それまでの過程を探索するので，後進型と読んでいる．反対方向の前進型も同じように定式化できる．また，在庫量を貯水量とみなすと，ダム操作に適用可能である．

■ 10.5 ダム操作における DP の定式化

多目的ダムでの操作目的は治水，利水，発電などが含まれるが，まず，治水，利水，濁質制御で考えよう．それぞれを OF, OL, OS とすると，次のように定式化される．ここで，多目的解法[6]より，スカラー最適化の重み法を適用すると全体の目的関数は式（10.28）となり，ベクトル最適化であれば式（10.29）となる．

$$OF = \max\{Q_{pm}/Q_{am}\} \to \min \tag{10.25}$$

$$OL = \min\{Q_{lm}/Q_{dm}\} \to \max \tag{10.26}$$

$$OS = \max\{CS_{mm}/CS_{am}\} \to \min \tag{10.27}$$

$$OSO = w_1 \cdot OF + w_2 \cdot OL + w_3 \cdot OS \to \max/\min \tag{10.28}$$

$$OMO = \begin{Bmatrix} OF \\ OL \\ OS \end{Bmatrix} \to \max/\min \tag{10.29}$$

ここで，評価関数について議論しよう．治水制御に場合，目的関数は

$$OF = \max\{Q_{pm}(peak)/Q_{am}(allowbale)\} \to \min \tag{10.30}$$

となる．DP の関数漸化式では次のようになる[7]．

$$f_t(S(t)) = \min\{\sum D_m\{Q_m(t)\} + f_{t+1}(S(t) + I(t) - O(t))\} \tag{10.31}$$

$$S(t+1) = S(t) + I(t) - O(t) \tag{10.32}$$

$$f_T(S(T)) = \sum D_m\{Q_m(T)\} \tag{10.33}$$

この最大値の最小化問題に対する最適評価関数は

$$D\{Q(t)\} = a\{Q(t)\}^b \tag{10.34}$$

で表される．この関数は，単ダムであれば，評価地点流量 $Q(t)$ に対して，

$$\frac{\partial(a\sum\{Q(t)\}^b + \lambda\{const - \sum Q(t)\})}{\partial Q(1)} = a \cdot b\{Q(1)\}^{b-1} - \lambda = 0 \tag{10.35}$$

が成立し，一定値が最適となることを意味している．結局，流況が完全に平滑化されたことになる．これは残留域のない単ダム操作であれば凸関数により解を求めることができるが，複数ダムや残留域がある場合は，ピークの低減と最小化の達成を同時に行うには指数関数の導入が必要となる[8]．

動的計画法の計算には，前進型と後進型があり，図 10.7 は後進型の説明図である．

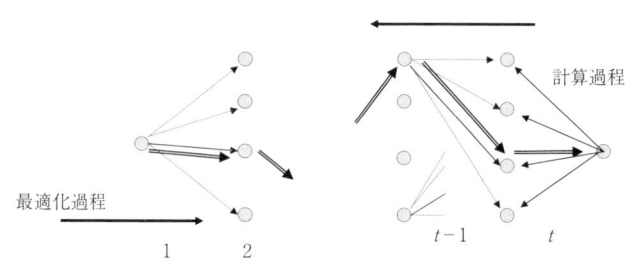

図 10.7 動的計画法の計算手順

時刻 t に対して，式（10.32）に従って，最終地点より可能経路の探索が行われる（矢印）．時刻 $t-1$ からは可能を仮定して，それの到達しうる最適な経路探索が行われる．計算手順は式（10.31）に従っている．この過程を時刻 1 まで進め，全ての探索が終わると初期値（あるいは最終値ともいえる）を与えて，それから演繹的に制御系列を抽出するものである（図中の二重矢印）．

■ 10.6 不確実な入力に対する最適操作

ダム貯水池への流入量が不確定で，ある確率分布（あるいは確率密度関数）にしたがう場合，確率動的計画法の適用が必要となる．時系列的に独立な確率分布 $P(I(t))$ の場合，式（10.31）は

$$f_t(S(t)) = \min\left\{\sum_{I(t)} \{D(Q(t)) + f_{t+1}(S(t)+I(t)-O(t))\}P(I(t))\right\} \quad (10.36)$$

となる．流入量 $I(t)$ に関して期待値をとることを意味している．ダム地点から評価地点までに残流域流量がある場合にはその流量は条件付確率で表されるが，近似的に線形とみなしさらに，式（10.36）を適用していけばよい．さらに，流入量が時間的に相関性を持つ，すなわち，時刻 $t+1$ の流入量 $I(t+1)$ が時刻 t の流入量 $I(t)$ の条件付確率 $P(I(t+1)|I(t))$ に従うとき，流入量 $I(t)$ も状態量とみなせば流入量 $I(t+1)$ で期待値をとることができ，関数漸化式は

$$f_t(S(t)|I(t)) = \min\left\{\sum_{I(t+1)} \{D(Q(t)) + f_{t+1}(S(t)+I(t)-O(t), I(t+1))\}P(I(t+1)|I(t))\right\} \quad (10.37)$$

となる．本川と残流域の関係もこのような相関性で現せば，複雑な地形での複数ダム，複数評価地点系へ適用可能である．

■ 10.7 河道流下機構を考慮した最適操作

実際のダム管理に当たっては，より正確な制御効果を把握しなければならない．特に洪水時にはその非線形性が強く，ピークの遅れや上昇にも繋がっている．洪水追跡法として貯留関数法[9]を導入すると，図 10.8 のシステムでは，以下のように定式化さ

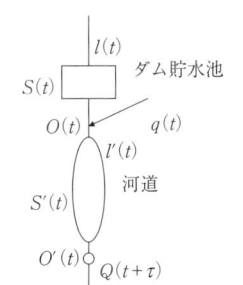

図 10.8 河道を含むダムの制御システム

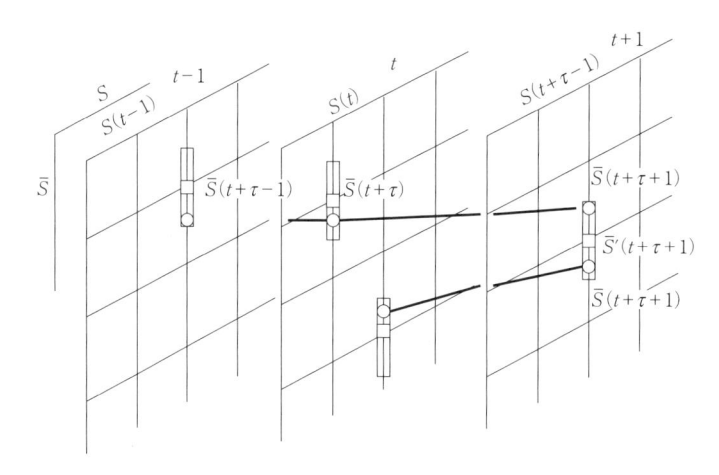

図 10.9 DP における格子点のとり方

れる[10]．

$$\frac{I'(t-1)+I(t)}{2} - \frac{O'(t+\tau-1)+O'(t+\tau)}{2} = S'(t+\tau) - S'(t+\tau-1) \tag{10.38}$$

$$S'(t+\tau) = k'\{O'(t+\tau)\}^{p'} \tag{10.39}$$

$$Q(t+\tau) = O'(t+\tau) \tag{10.40}$$

ここに，k', p' は河道に与えられる定数である．河道への流入量は上流にあるダムの放流量と残流域からの流入量であるので，

$$I'(t) = O(t) + q(t) \tag{10.41}$$

で与えられる．結局，貯留関数を含んだダム操作の定式化は

$$f_t(S(t), S'(t+\tau)) = \min_{\{O(t), 0 \leq S'(t+\tau) \leq S\max\}} \left[D\{Q'(t+\tau)\} + f_{t-1}\left(S(t-1), S'(t+\tau) + \frac{O'(t+\tau) + O'(t+\tau-1)}{2} - \frac{I'(t) + I'(t-1)}{2}\right)\right] \tag{10.42}$$

となる．計算の実行に当たっては，（i）従来の計算プロセスのように整数ちで行われると河道貯留量と河道流出量との間に式（10.38），（10.39）が成立せず，稼動内の水収支が保持できなくなる．また，（ii）河道やダムの増加につれて次元数が増加し，計算機内における記憶容量，計算時間が問題となる．ここでは河道貯留量を実数値のままで処理する方法を提案しよう．

図 10.9 のように，河道格子点 $S'(t+\tau)$ はその近傍の状態量 $S''(t+\tau\pm 0.5)$ の代表地とし，別に真の河道貯留量 $S'(t+\tau)$ を格子点の関数として記憶するのである．同図に見られるように，同じ格子点の近傍に数個の河道貯留量が存在するときは，その近傍に到達する状態量系列のうち目的関数を最小にするものを最適河道状態として採用すればよい．表 10.1 は離散化を行う整数型と真値を保存する実数型の比較である．目的関数には，ピーク低減だけを考え関数を用いた．整数型の場合は実数型での結果と大きく異なっており，計算上の誤差が想像できる．実数型では，河道格子点においてその近傍をとる状態量の中での選択を行っており，最適な制御系列より目的関数値が

表 10.1 河道流下機構を入れた DP 計算の比較

t	入 力		整数型処理での出力				実数型処理での出力			
	$I(t)$	$q(t)$	$S(t)$	$O(t)$	$S'(t)$	$Q(t)$	$S(t)$	$O(t)$	$S'(t)$	$Q(t)$
1	3	1	1	2	9	4	0	3	10	4
2	6	3	4	3	11	4	0	6	12.6	6.4
3	9	3	0	13	13	5	0	9	15.3	9.3
4	12	6	2	10	11	5	0	12	18.9	14.3
5	15	8	9	8	11	5	7	8	19.6	15.3
6	10	15	18	1	11	5	17	0	19.5	15.1
7	7	10	19	6	11	5	19	5	19.4	15.1
8	5	6	19	5	8	3	19	9	10.4	15
9	3	3	12	10	9	4	13	5	16.5	10.9
10	2	1	14	0	1	0	14	1	12.4	6.1

若干悪化する可能性が残る．

10.8 複雑なシステムでの最適化

10.8.1 ダムの合成

複数のシステムが存在する場合，計算時間，計算機メモリーなど，計算の実施に当たって種々の制約が発生する．その代表的な対策を紹介しよう．

まず，複数のシステムを一つのシステムに置き換える方法である．計算機上の問題はないが，制約条件が緩和されたため，それぞれのシステムへの再配分が問題となる．そこで，「空き容量の比率と流入量の比率を同じにする」という空間基準[11]を導入し配分を行うものである．もちろんこれでもすべての制約条件を満足することはできないので，満足されない場合は，その時点を初期値として単一システムでの最適化を再計算することになる（図 10.10）．

$$\frac{V_n - S_n(t)}{\sum\{V_i - S_i(t)\}} = \frac{I_n(t)}{\sum I_i(t)} \tag{10.43}$$

10.8.2 Discrete Differential Dynamic Programming の適用

すべての可能経路を探索しないで，経路幅を狭めて計算効率を上げようとするものである．まず，trial trajectory（試系列）と呼ばれる想定貯留量系列を設定する．流入量系列や今までの操作パターンに応じて決めることができ，現実的な形状の採用

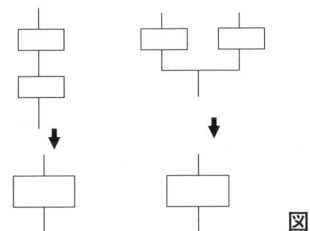

図 10.10 複数ダムの合成化

が行われる．続いて，その周りにcorridor（回廊）と呼ぶ最適化領域を設定し，その領域で動的計算を行う．ここでは，領域の縁に接する解が存在することもあり，再度，trial trajectory をおきなおして最適化を続ける．最終的に，最適系列がcorridor の中に納まれば全体の最適化が終了したとみなされる．本手法は discrete differential dynamic programming（DDDP）と呼ばれている（図 10.11）[12]．

10.8.3 逐次近似法

　システムそれぞれを独立とみなし，交互に最適化を進めて全体の最適化に到達させるものである．図 10.12 に示す並列2ダムの場合，まず，一方のダムで単一ダムとして最適操作を行う．その際，他のダムは操作を行わず，支川流量と扱う．次に，最適化された放流量を他のダムの支川流量として最適操作を行う．この計算を繰り返し，全体としての評価値が改善されなくなるまで続ける．最初の評価関数（式（10.34）に対応した関数）をそのまま使え全体の最適化が得られるという利点はあるが，収束に対する保証がなく，計算時間が問題となる．

10.8.4 システムの分割

　数理計画法に基づき，直接，システムの分割と統合を図るものである．図 10.13 のようにシステムはブロックごとに分割することができ，全体調整ブロックで最適化が行われる．分解原理の導入を図っており，全体調整ブロックでは，線形計画法で最適化となる．したがって，水資源システムにおいては部分線形化の適用が必要となり，計算上複雑となる．

図 10.11　DDDP の概念図

図 10.12　逐次近似法の概念図

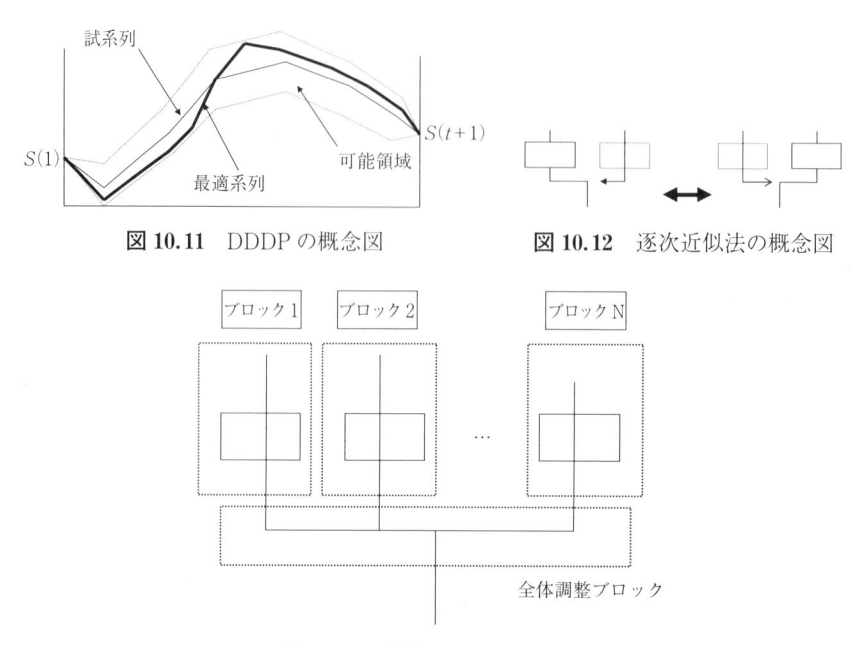

図 10.13　複数ダムでの分割化

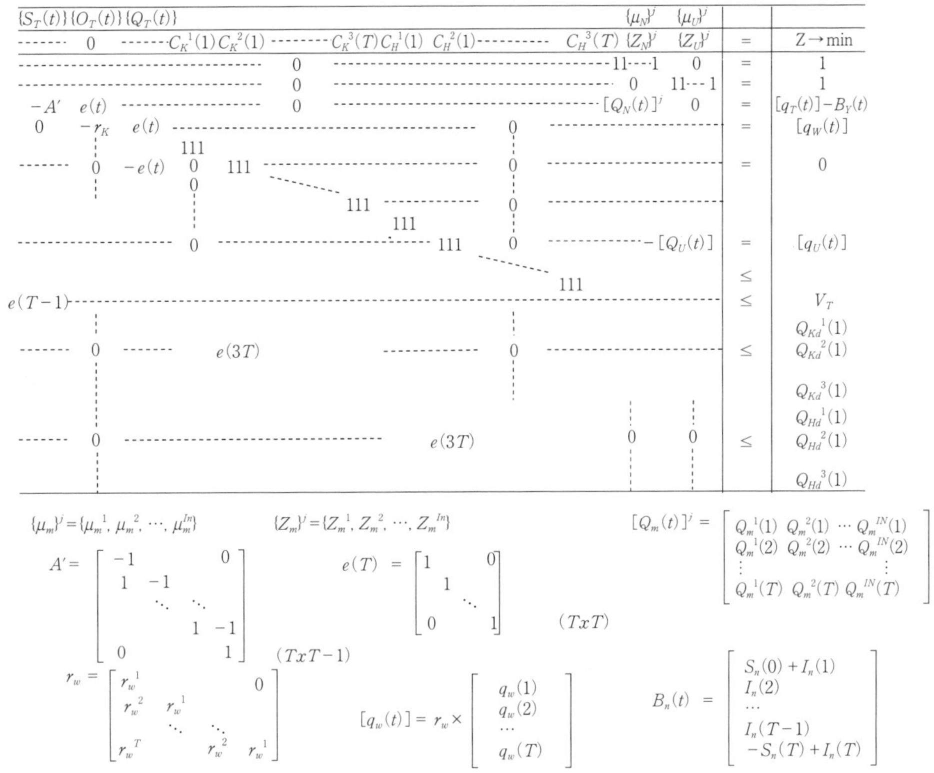

図10.14 ダム群の分割化（木津川流域）

$$\begin{bmatrix} A_1 & & & \\ & A_2 & & \\ & & \cdot & \\ & & & A_n \end{bmatrix} \begin{bmatrix} X_1 \\ X_2 \\ \cdot \\ X_n \end{bmatrix} = \begin{bmatrix} B_1 \\ B_2 \\ \cdot \\ B_n \end{bmatrix} \tag{10.44}$$

木津川流域（淀川流域）での4ダム（青蓮寺，室生，高山，天ヶ瀬）で，河道流下効果を入れて適用した場合，分割化での全体調整ブロックは図10.14のようになる[4]．

■ 10.9 施設の建設手順

複数個の施設，あるいは建設予定地点がある場合，限られた予算制約下で最も効率的な建設手順が必要となる．これは時空間的な多段決定過程であり，動的計画法の適用が可能である[13]．いま，N個の施設を対象とし各工期には予算上1個しか作らないものとし，それぞれの施設間には先行建設などの条件はないものとする．$Yi = (y1i, \cdots, yni, \cdots, yNi)$を工期（ステージ）$i$で施工する施設を表すベクトルで，$yni$がステージ$i$において施設$n$の建設を表すものとする．すなわち，

$$Yni = \begin{cases} 1 & \text{(construction)} \\ 0 & \text{(not construction)} \end{cases} \tag{10.45}$$

である．ステージiの期首におけるシステムの状態を$Si = (s1i, \cdots, sni, \cdots, sNi)$で表

すと，ステージ i からステージ $i+1$ への状態の遷移構造は
$$Si+1 = Si + Yi \tag{10.46}$$
ただし，
$$sni = \begin{cases} 0 \\ \sum_{z=1}^{i-1} Ynz \end{cases} \tag{10.47}$$
である．建設順序の目的を便益関数（たとえば，渇水被害）の最小化とおくと，
$$Ob = \min\left[\sum_{i=1}^{N} PFi(Si)\right] \to \min \, for \, \{Yi\} \tag{10.48}$$
と書くことができる．ここで，ステージ i 期末までの便益関数の最適値を
とすれば，動的計画法とし1ての関数漸化式
$$fi(Si) = \min[fi-1(S(i-1)) + PFi(Si)] \tag{10.49}$$
が得られる．式（10.49）は最適性の原理の成立を意味しており，最適系列の決定が可能となる．

演習問題

10.1 ダム操作の目的関数として
$$J = \sum_{t=1}^{T} \{QO(t)\}^2$$
での最適化問題を線形計画法で定式化せよ．ただし，部分線形化は3分割でよい．

10.2 治水制御において，越流に至るまでの危険率の総和の最小化を目的関数とする．どのような関数形が考えられるか．

10.3 貯水池の利用容量の配分を行いたい．貯水池の可能容量はその地形特性より最大で10，最小5とする（ここでは無次元で議論する）．利水に関しては最大6，最小3の容量が必要である．治水に関しては最大5，最小2が必要である．容量に対して，便益を利水，治水それぞれ2.5，1.5が想定され，取水施設が1.5，洪水用ゲートが1.0 建設費が必要とされる．最適な容量配分を求めよ．

10.4 いま，流入量が2, 4, 3, 7, 3で，初期貯水量が $S(1)=1$，最終貯水量が $S(6)=4$ で与えられるとき，評価関数を $D\{Q(t)\} = \{Q(t)\}^2$ で被害額が算定されるとして，被害の総額を最小にする貯水量系列をDPと利用して求めよ．単位は任意に仮定すること．

10.5 少ないダムでの最適化を繰り返して行い全体の最適解に近づける次元の節減化の中で，逐次近似法によって最適解が得られることを示せ．

10.6 完全混合モデルで水質（例えば濁度）を含むダム貯水池操作をDPで定式化せよ．

参考文献

1) 建設省ダム統合管理技術小委員会：ダム統合管理の理念と研究．建設省，1977．
2) 水文・水資源学会編：水文・水資源ハンドブック，朝倉書店，1997．
3) 関根泰次：岩波講座基礎工学5 数理計画法 II，岩波書店，1968．
4) 高樟琢馬・池淵周一・小尻利治：多ダム・多評価地点系の最適操作に関する研究．**21**, B-2, 1978, 193-206．
5) 小田中敏男：ダイナミックプログラミング，丸善，1963．

6) Hall, W. A. ; Optimum design of multiple purpose reservoir. *Jour. of Hydroulic Division*, **90**, 1964, 141-149.
7) 高棹琢馬・瀬能邦雄：ダム群による洪水調整に関する研究 (I)－DP の利用と問題点－. 京都大学防災研究所年報, **13**B, 1970, 83-103.
8) 高棹琢馬・池淵周一・小尻利治：水量制御からみたダム群のシステム設計に関する DP 論的研究. 土木学会論文報告集, **241**, 1975, 39-50.
9) 土木学会編：水理公式集, 土木学会, 1971.
10) 高棹琢馬・池淵周一・小尻利治：ダム・堰を含む貯水池の操作. 土木学会第 28 回水理講演会論文集, 1984.
11) Mass, A., Hufschmidf, M. M., Dorfman, D., Thomas, H. A. Jr., Marglin, S. A. and Fair, G. M. *Design of Water Resources Systems*, Harvard University Press, 1962.
12) Heidari, M., Chow, V. T., Kototovic, P. V. and Merdith, D. D.：Discrete differential dynamic programming for approach to water resources systems optimization. *Water Resources Research*, **7**, 1971, 273-282.
13) 池淵周一・小尻利治・堀　智晴：広域的な治水システムの段階的計画決定プロセスに関する研究. 京都大学防災研究所年報, **29**B-2, 1986, 137-156.

11 水資源管理への人工知能の導入

■ 11.1 エキスパートシステム

　人工知能は，自動制御やロボット工学の分野において多大な発展を遂げており，不確実な環境条件や迅速な計算結果を要求される実時間問題に有効である．特に，システムの実時間管理においては，経験の少ない管理者に対して過去の操作事例の整理や予測精度の評価に基づく合理的な操作指示が可能となる．そこで，エキスパートシステム（図11.1）とそれに関連する人工知能手法の導入を図り，その利用性を確認する．

　エキスパートシステムでは，熟練者と同程度の成果を出すため，データベースの整理が不可欠である．そのデータベースより必要な情報を知識ベースに保管するとともに，常に知識の追加と修正が行われる．実現象への対処法としては，情報入手装置であるユーザーインターフェイスを介して制御環境や条件を取り入れる．それらを知識と照らし合わせることにより，操作パターンを推論結果として出力することになる[1,2]．したがって，無駄が無くかつ十分な知識ベース，効率的な推論エンジン，データの入出力がしやすいユーザーインターフェイスの構築が，エキスパートシステムの能力を左右することになる．

　各要素の概略は以下のとおりであり，推論に関しては，ファジイ理論やニューラルネットワークとして定式化する．

- 知識：　すべての情報がデータベースになるわけではない．知識として，どの種のデータが，何年分存在するか，実時間ではどのような入手経路があるのか，対象となるシステムの管理環境を明らかにする．
- データベース：　目的に応じて，必要なデータをファイル化する．

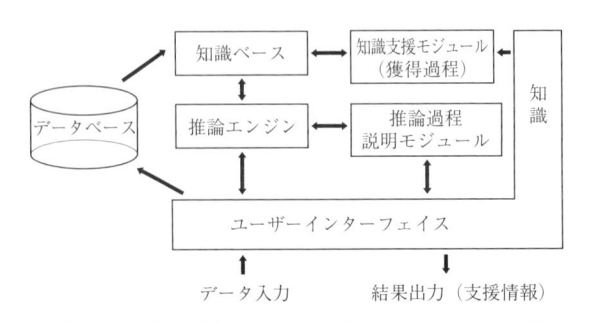

図11.1 基本的なエキスパートシステムの構成図

- 知識ベース： データベースよりシステムに求められるルールや環境を知識として保存する．常に知識の追加，修正を達成できる構造とする．パターン認識の適用などが考えられる．
- ルールベース： 知識ベースをより実際的な形式に書き換えたものである．

11.2 ファジイ理論

曖昧情報の処理理論としてZadehにより提案されたが，Mammudaniのファジイ推論が追加されて，広範に利用されるようになった．従来の方法は，ある値がその特性を表すのに，属する＝1，属しない＝0なるクリスプで表現してきた．ファジイ理論では，やや属する，ほとんど属しない，など (0, 1) の範囲での表現を可能とするものである（図11.2）[3),4)]．

例えば，「年寄り」のイメージを例にとると，80歳以上では誰から見ても「年寄り」と判断される．しかし，若い人にとっては，60歳を過ぎた人はかなり「年寄り」とみなされるようである．逆に，高齢者にとっては，70歳でもあまり「年寄り」ではない，との表現が可能となる（図11.3）．

1) ファジイ和

ファジイ理論では，その値を適合度 (fuzzy grade，またはmembership関数値) と呼び，μで表される場合が多い．通常，この値は0から1の値をとるが，理論的にはどの領域（0から100でも）でも可能である．計算過程に関しても，クリスプ数学と同じ規則がある．ファジイ和は，事象A, Bの結合領域を意味しており，図11.4のように二つの値の大きい方で定義される[5)]．

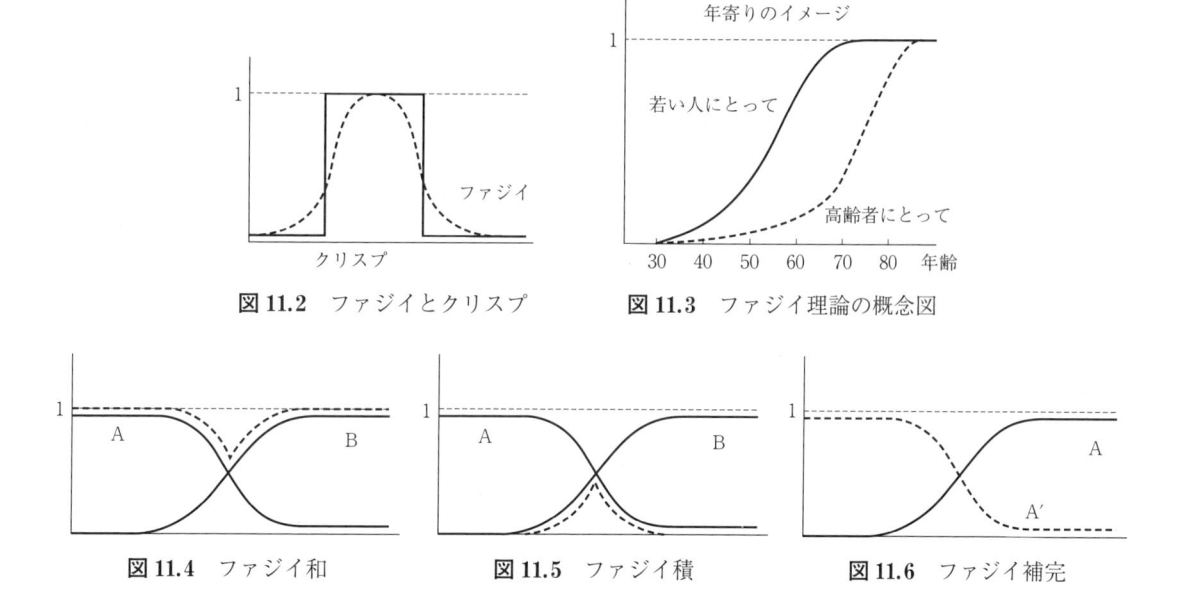

図11.2 ファジイとクリスプ

図11.3 ファジイ理論の概念図

図11.4 ファジイ和

図11.5 ファジイ積

図11.6 ファジイ補完

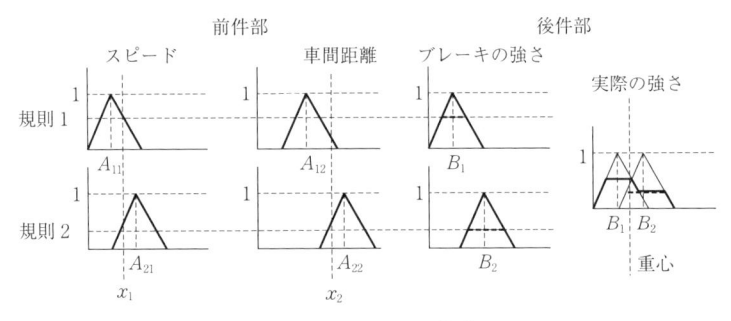

図 11.7 ファジイ推論

$$A \cup B \tag{11.1}$$
$$\mu_{A \cup B} = \mu_A \vee \mu_B$$

2) ファジイ積

事象 A, B の共通領域であり，二つの値の小さい方で定義される（図 11.5）．

$$A \cap B \tag{11.2}$$
$$\mu_{A \cap B} = \mu_A \wedge \mu_B$$

3) ファジイ補完

ファジイ値に対して，その最大値（通常は 1）からの差を補完値として定義する（図 11.6）．

$$\mu_{A'} = 1 - \mu_A \tag{11.3}$$

4) ファジイ推論

ファジイ推論は，IF-THEN ルールで表現されるシステムの状態をその曖昧性考慮して，確信の高い結果を推論するものである．いま，2 変数の入力環境（車のスピードと車間距離）を考えよう．推論されるものはブレーキの強さである．すなわち，以下のように表現できる[6]．

$$\text{IF-THEN rule : IF } X_1 \text{ is } A_{11} \text{ and } X_2 \text{ is } A_{12}, \text{ THEN } y_1 \text{ is } B_1 \tag{11.4}$$

ここで，2 種類のルールを取り上げると，(スピード x_1, 車間距離 x_2, ブレーキ B_1) = (遅い，短い，普通), (遅い，長い，ゆるい), (早い，短い，強い), (早い，長い，普通) の 4 個のルールベースが形成される．

現在の状況が x_1, x_2 であったとき，各ルールの各要素に対するファジイ値が算定される．これを前件部と呼び，そのファジイ和が前件部適合度となる．この値によって後件部出力（ブレーキ）のファジイ値が決定される．後件部のファジイメンバーシップ関数は統合化され，その最確値でもって推論がなされる（図 11.7）．推論には，重心法，高さ法，面積法など，いくつかの方法が提案されているが，その環境条件によって使い分ける必要がある．

■ 11.3 ニューラルネットワーク

神経細胞の入力と出力の関係をモデル化したもので，その基本構造は，入力の線形

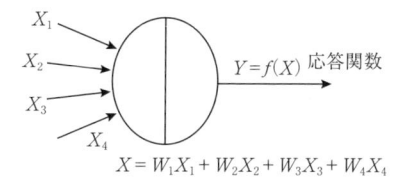

図 11.8　ニューラルネットワーク

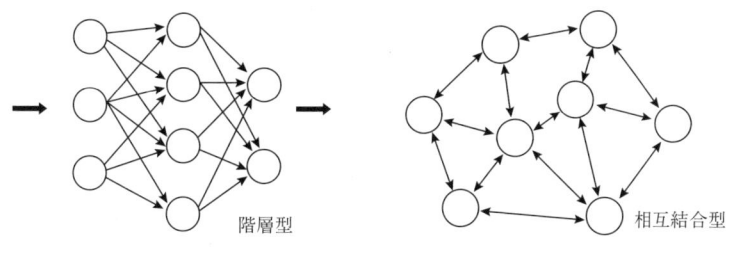

図 11.9　階層型
ニューラルネットワーク

図 11.10　相互結合型
ニューラルネットワーク

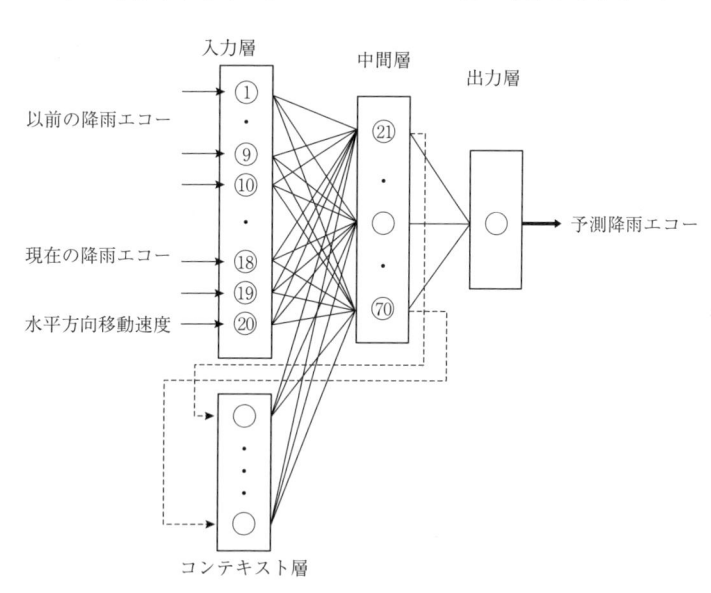

図 11.11　リカレント型ニューラルネットワーク

結合と応答関数による出力の発生（発火）である．線形結合は重みつきで表現され，応答関数は計算時の収束特性よりシグモイド関数が利用される場合が多い．実システムでは，ひとつのニューロンだけでなく，複数のニューロンの階層構造として構築される場合が多く，ニューラルネットワークと呼ばれている[7]（図 11.8）．

階層モデルは，入力層を S（sensor），中間層を A（associate），出力層を O（output）として表現され，各層のニューロンが密接に結合されている．バックプロパゲーションでは，計算された出力と観測値の誤差の最小化を計るように各ニューロンの重みが決定される（図 11.9）．

相互結合モデルは，一義的な入出力の関係ではなく，入出力を変更しうるモデルである（図 11.10）．観測値から入力を予測する逆推定も可能である．

リカレント型モデルは，中間層の状態特性をもう一度入力層に入れ直すもので，時系列での持続効果が加わる（図 11.11）．

用いる階層型ニューラルネットワークでは，バックプロパゲーション法によって重みの最適化が行われる．S 層のノード i の出力を I_i，A 層のノード j の出力を H_j，R 層のノード k の閾値を γ_k，ノード i から j への結合係数を W_{ji}，ノード j から k への結合係数を V_{kj}，R 層ノード k の教師信号を T_k とし，シグモイド関数をノードでの応答関数とする．シグモイド関数を

$$f(x) = \frac{1}{1 + \exp\{x/x_0\}} \tag{11.4}$$

で表すと，R 層における教師信号と出力の誤差の最小化は次のように定式化される．

$$E_p = \sum (T_k - O_k)^2/2 \to \min \tag{11.5}$$

$$\partial E_p/\partial O_k = (T_k - O_k) \tag{11.6}$$

ここで，k 番目のノードの内部ポテンシャルを $S_k (= \sum V_{kj} H_j + \gamma_k)$ とおけば，その出力は $O_k = f(S_k)$ であり，

$$\begin{aligned}\partial O_k/\partial V_{kj} &= \partial O_k/\partial S_k \cdot \partial S_k/\partial V_{kj} \\ &= f'(S_k) H_j = \eta_1 O_k (1 - O_k) H_j \quad (\eta_1 : \text{constant})\end{aligned} \tag{11.7}$$

と表現できる．故に，

$$\begin{aligned}\partial E_p/\partial V_{kj} &= \partial E_p/\partial O_k \cdot \partial O_k/\partial V_{kj} \\ &= -\eta_1 (T_k - O_k) \cdot O_k (1 - O_k) H_j\end{aligned} \tag{11.8}$$

となる．Ep の最小化を図る結合係数は

$$\begin{aligned}\Delta V_{kj} &= -\alpha (\partial E_p/\partial V_{kj}) \\ &= \alpha \eta_1 (T_k - O_k) O_k (1 - O_k) H_j = \eta_2 (T_k - O_k) O_k (1 - O_k) H_j \\ &\quad (\alpha, \eta_2 : \text{constant})\end{aligned} \tag{11.9}$$

によって改善される．A 層 j ノードの内部ポテンシャルを $U_j (= \sum W_{ji} I_i + \theta_j)$ とおくとその出力は $H_j = f(U_j)$ となり，

$$\begin{aligned}\partial E_p/\partial W_{ji} &= (\partial E_p/\partial S_k \cdot \partial S_k/\partial H_j) \cdot \partial H_j/\partial U_j \cdot \partial U_j/\partial W_{ji} \\ &= \{\sum(-(T_k - O_k) \cdot O_k \cdot (1 - O_k) \cdot V_{kj}\} \cdot f'(U_j) \cdot I_i \\ &= -\sum (T_k - O_k) \cdot O_k \cdot (1 - O_k) \cdot V_{kj} \cdot H_j \cdot (1 - H_j) \cdot I_i\end{aligned} \tag{11.10}$$

が得られ，結合係数 W_{ji} の改善値 ΔW は

$$\begin{aligned}\Delta W_{ji} &= \eta_3 \sum (T_k - O_k) \cdot O_k \cdot (1 - O_k) \cdot V_{kj} \cdot H_j \cdot (1 - H_j) \cdot I_j \\ &\quad (\eta_3 : \text{constant})\end{aligned} \tag{11.11}$$

となり，この手順を繰り返し行うことにより誤差の最小化が達成される．ただし，η_1，η_2 の取り方によっては，局所解に陥ったり振幅したりする．そのため，改善定数を変動させたり結合係数の初期値をランダムに発生させるなどの工夫が必要となる．

■ 11.4 その他（ジェネティックアルゴリズム，カオス理論）

　その他，近年開発された人工知能手法としては，ジェネティックアルゴリズム，統計的カオス理論がある．前者は，遺伝子操作を模した計算過程により，より効率的，有効な状態へともっていくものである[8]．例えば，最適システムの設計問題として，染色体の構成を［01101110…］，"0"は不採用，"1"は採用，と設定する．遺伝的操作では，(i) 優秀な染色体を保存する選択淘汰，(ii) 染色体内の遺伝子の組み合わせに関してグループでの変更を行う交叉，(iii) 遺伝子特性がまったく異なったものになる突然変異，が行われる．こうした遺伝的操作を繰り返しながら，世代交代を繰り返し，最終的に最適解にたどり着く（図11.12）．選択淘汰の取り方や突然変異の決め方などには，効率性を上げる種々の方法が提案されており，計算時間はかかるものの，最適化手順の有力な方法である．

　後者は，カオス理論の概念を時系列データに適応したものである．複雑な現象も，簡単な特徴のあるパターンの累積に過ぎないというカオス論的な概念にのっとって，遅れ τ で n 次元のアトラクタを構成するものである[9],[10]（図11.13, 14）．その結果，将来の状態が，アトラクタより推定される局所再構成で求められることになる．

　計算手順としては，
　（i）残差系列の統計処理が行われる．
　（ii）残差系列に対してコレログラム（自己回帰係数系列）[11] を求める．
　（iii）コレログラムより遅れ τ を決定する．
　（iv）相関次元を求める．

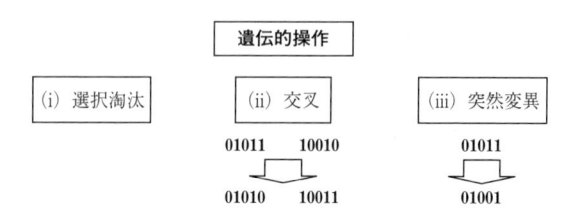

図 11.12 ジェネティックアルゴリズム

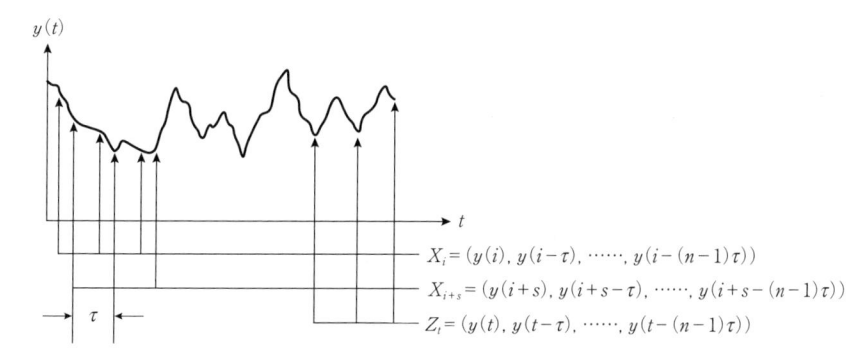

図 11.13 カオス特性

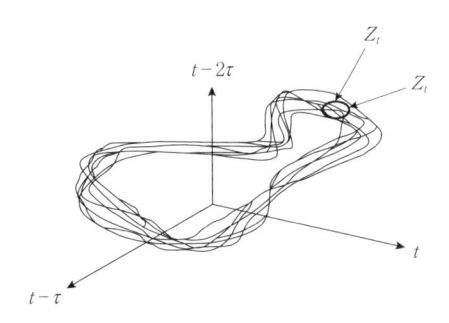

図 11.14 カオスアトラクタ

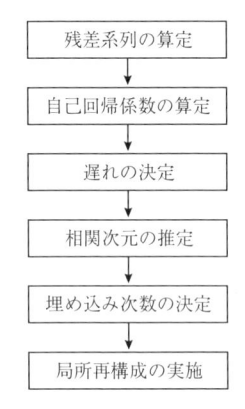

図 11.15 統計的カオスの算定手順

(v) 相関次元より埋め込み次数 n を決める．
(vi) アトラクタが決まったので，現在の観測値を入れる．
(vii) 局所再構成により予測を行う（図 11.15）．

ここで，$C(r)$ が r^m に比例するところで，m を相関次元として求められる．

$$C(r) = \lim_{N \to \infty} \frac{1}{N^2} \sum_{i=1}^{N} \sum_{j=1}^{N} \theta(r - |X_i - X_j|) \tag{11.12}$$

τ：遅れ時間　$\theta(\cdot)$：段階関数（heviside function）　r：N-1 個の標本に対するセンター　X：i からの半径

■ 11.5 AI 手法の水文・水資源問題への適用例

11.5.1 ファジイ推論の渇水操作への適用

渇水時では，対象流域（取水地点）の水量が減少し水需要量が満たされない状態である．そのため，基準地点の予測降水量を基にニューラルネットワークを利用して流量の推定を行う．3ヵ月分の流量予測が行われると，貯水量，需要量に応じて，節水管理が実施される．いま，貯水池の基本操作規則として，

i) 現在の貯水量が平年並み以上の時
a) 3ヵ月先の予測貯水量が平年並み以上であれば，節水は行わない．
b) 3ヵ月先の予測貯水量が平年並み以下と判断されると，節水を実施する．

ここで，節水によって，3ヵ月後の貯水量が平年並みに戻るように節水率を決める．
(ii) 現在の貯水量が平年並み以下と判断されると，まず，節水によって貯水量を平年並みに戻す．

各月の貯水量（月末）は，平年値と比較して6段階「空，少ない，やや少ない，平年並み，やや多い，多い」に，流入量も6段階「無い，少ない，やや少ない，平年並み，やや多い，多い」に分割する．節水率を「10%，20%，30%，40%，50%，60%」のどれかをとり，将来が現在より強い節水を行わないものとする．すると，IF-THEN型のルールベースは

Rl:　IF 現貯水量が規模 l かつ流入量が規模 l，THEN　節水率レベルは l
(11.13)

となる．まず，ルール l に対して，貯水池の類似度 $w_{St}(l)$ をメンバーシップ関数より求める．ついで，予測流入量に対しても，各月のメンバーシップ値を求めるとともに，それらを平均して流入量の類似度 $w_I(l)$ とする．$w_{St}(l)$ と $w_I(l)$ より，前件部(IF)の適合度は

$$w_{bf}(l) = \min\{w_s(l), w_I(l)\} \tag{11.14}$$

となる．ルール l での節水率を $EW(l)$ とすると，ファジイ推論の高さ法より必要節水率は

$$w_{st} = \frac{\sum_l w_{bf}(l) EW(l)}{\sum_l w_{bf}(l)} \tag{11.15}$$

で算定される[12]．実管理では，日単位，半旬単位での気象，流入量，水需要漁状況に基づいて行われることは言うまでもない．算定された節水率は，月ベースでの概略値で操作目標や渇水対策準備指標となろう．

貯水池では6月16日よりに10%程度，7月13日より25%の節水が行われた結果と比較しよう．貯水池への流入量として，2ヵ月先までの流量予測を行う．ニューラルネットワークでは，入力層に観測降水量，観測流入量，予測降水量，必要な予測流入量を用いた．図11.16のように予測流入量はかなり多くなっているが，少雨パターンが少なく，ニューラルネットワークの学習が十分でなかったのであろう．渇水操作結果は，5月初旬の時点では5月10.2%，6月7.8%，7月7.8%となり，6月初旬では，6月25.2%，7月20.1%，8月15.1%であった．6月になると予測値が大きくなり，

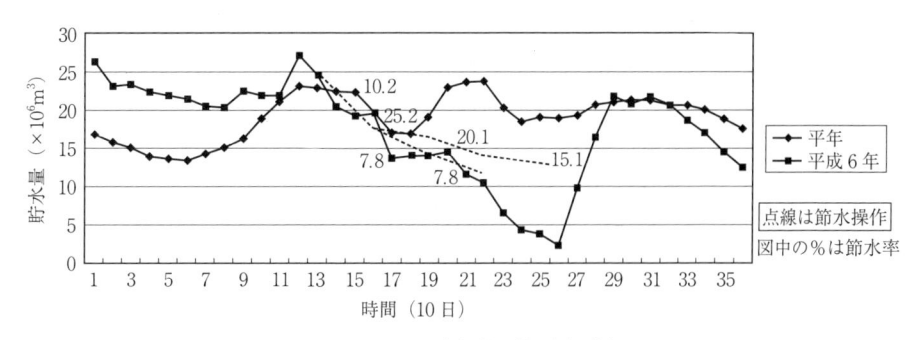

図 11.16　渇水操作（節水操作）

渇水操作は推論されていない．ここでは，6月の段階で厳しい節水を行っており，予測によって早期に対策が取れたことを示している．ただ，長期的な気象情報（3ヵ月先予測，1ヵ月先予測，週間予測）を考慮しておらず，空間的な画像情報からだけの流入予測と操作を提案した．近年のリモートセンシングの発達や数値気象モデルの開発などを導入して，より有効な情報を利用したつ無駄のない渇水操作へと改良していきたい．

11.5.2 ファジイ理論による降水量予測・ダム操作

ファジイ理論を利用した流量予測と貯水池操作を考えよう．山岳地帯では降水データや観測装置が十分揃っていない場合が多く，時空間的なあいまい性が伴ってくる．積雪や氷河が供給源となる場合には，あいまい性が増加され人的な推論が重要となる．方法論としては，前述の降雨予測，知識ベース操作，パターン分類，に加えて，α-cut とファジイ型動的計画法を用いる[13]．

貯水池への流入量予測には，線形回帰式と貯留関数法がある．線形回帰式では，

$$QI(t) = a_1 QI(t-1) + a_2 RA'(t) Ar + a_3 EV(t) + a_4 \tag{11.16}$$

$QI(t)$：貯水池への流入量　$RA'(t)$：流域への降水量　$EV(t)$：蒸発散量

となる．もし，降水量，蒸発散量をファジイ関数で表すことができると流量はそのファジイ積により求めることができる（図 11.17）．一方，貯留関数は次式で表現できる．

$$SB(t) = K \cdot QI(t)^P \tag{11.17}$$

$$\frac{(RA(t) + RA(t-1))Ar}{2} - \frac{QI(t) + QI(t-1)}{2} = \frac{SB(t) - SB(t-1)}{\Delta t} \tag{11.18}$$

$SB(t)$：流域の貯留量　$QI(t)$：流出量　$RA(t)$：有効降水量　$(RA'(t) - EV(t))$　Δt：計算時間間隔　K, P：定数

$x = QI(t)^{1/n}$ とおけば，

$$x^n + \frac{2K}{\Delta t}x - \left(\frac{2K}{\Delta t}QI(t-1)^P - QI(t-1) + RA(t)Ar + RA(t-1)Ar\right) = 0 \tag{11.19}$$

となる．ファジイ α-cut より，ファジイ変数 $QI(t-1)$，$RA(t)$ と $RA(t-1)$ は $\alpha(0<\alpha<1)$ に対応する値をとり，$n=2$ の場合，x は次のようになる．

$$x = -\frac{K}{\Delta t} + \left(\frac{K^2}{\Delta t^2} + \frac{2K}{\Delta t}\{QI(t-1)\}_\alpha^P - \{QI(t-1)\}_\alpha + \{RA(t)\}_\alpha Ar + \{RA(t-1)\}_\alpha Ar\right)^{0.5}$$

$$\tag{11.20}$$

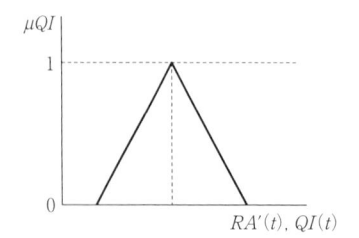

図 11.17 降水量と流量のファジイメンバーシップ関数

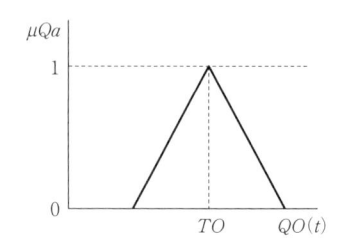

図 11.18 ファジイ水需要量

11.5 AI手法の水文・水資源問題への適用例

図 11.19 水力発電に関するファジィメンバーシップ関数

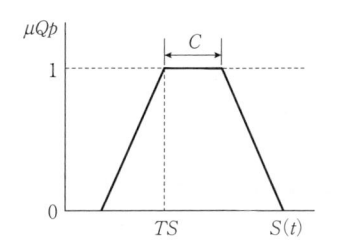

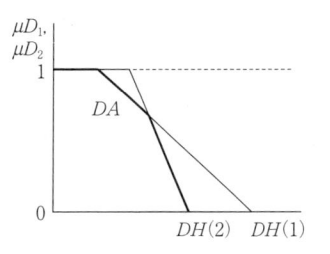

図 11.20 水位低下によるメンバーシップ関数

いま，$QI(t)$ が平均流量 EQ とファジィ成分 dq で表されるとすると，テイラー展開をすることによって次式が得られる．

$$\frac{2K}{\Delta t}QI(t)^P = FR - EQ - dq \tag{11.21}$$

ここに，FR は既知数で得られる部分である．結局，dq は

$$dq = \frac{\dfrac{FR}{\dfrac{2K}{\Delta t}EQ^{P-1}} - \dfrac{\dfrac{2K}{\Delta t}EQ^{P-1}+1}{\dfrac{2K}{\Delta t}EQ^{P-2}}}{P + \dfrac{1}{\dfrac{2K}{\Delta t}EQ^{P-1}}} \tag{11.22}$$

となり，FR だけにあいまい性が含まれる．もし，水文学的情報からあいまい性をファジィ値で表現できれば，α-cut 法により流量を求めることができる．

貯水池操作の目的を目標値に近づけることとし，

$$\text{水供給}: Oa = \min\{\max_t (|QO(t) - TO(t)|)\} \tag{11.23}$$

$$\text{水力発電}: Op = \min\{\max_t (|S(t) - TS(t)|)\} \tag{11.24}$$

と定義する．ここに，$QO(t)$ は放流量，$TO(t)$ は目標放流量（需要量），$S(t)$ は貯水量，$TS(t)$ は発電のための目標貯水量である（図 11.18, 19）．貯水池水位変動による斜面崩壊なども図 11.20 のように定義できる．例えば，制約条件はファジィ積として，

$$\mu(DA) = \mu(D1) \wedge \mu(D2) \tag{11.25}$$

で表される．図中の $DH(\ )$ は水位変動量，μD はファジィ値である．連続式より貯水量のファジィ値は放流量をクリスプとすれば，

$$\mu S(t) = \vee_{S(t-1)} \vee_{QI(t)} \{\mu S(t-1) \wedge \mu QI(t)\} \tag{11.26}$$

となる．

その結果，水力発電と水供給に関するファジィ制御は，N 段階でのファジィ目的を GN とすると

$$\mu(QO(1), QO(2), \cdots, QO(N-1))$$
$$= (\mu(OP(1)) \wedge \mu(DA(1)) \wedge \mu(OA(1))) \wedge \cdots$$
$$(\mu OP(N-1) \wedge \mu DA(N-1)) \wedge \mu(OA(N-1))) \wedge \mu^{GA}(S(N))$$
$$= \{(\mu(S(1)) \wedge \mu(OP(1)) \wedge \mu(DF(1))) \wedge \mu(DA(1)) \wedge \mu(OA(1))\} \wedge \cdots$$

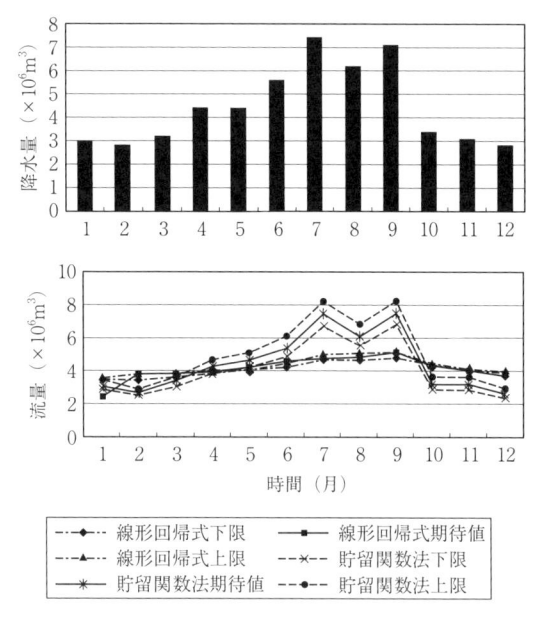

図 11.21 ファジイ入力での流量予測の比較

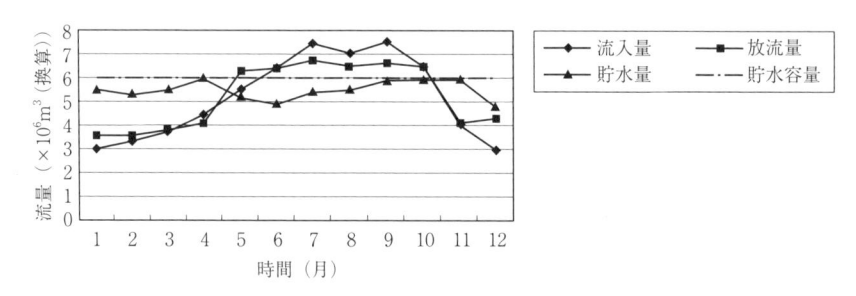

図 11.22 ファジイ入力下での貯水池操作結果

$$\wedge \{\mu(S(N-1)) \wedge \mu(OP(N-1)) \wedge \mu(DF(N-1)) \wedge \mu(DA(N-1))$$
$$\wedge \mu(OA(N-1))\} \wedge \mu^{GN}(S(N)) \tag{11.27}$$

となる．ここに，$DF(\ )$ は $S(t-1) - S(t)$ で示される水位差である．この最適化はファジイ DP として

$$\mu^G(S(t)) = \max_{QO(t)} \{\mu(S(t)) \wedge \mu(OP(t)) \wedge \mu(DF(t))$$
$$\wedge \mu(DA(t)) \wedge \mu(QA(t)) \wedge \mu^G(S(t))\} \quad (t=1, 2, \cdots, N-1) \tag{11.28}$$
$$\mu^G(S(1)) = \mu(S(0)) \wedge \mu(OP(1)) \wedge \mu(DF(1)) \wedge \mu(DA(1)) \wedge \mu(OA(1)) \tag{11.29}$$

となる．
　パラメータを $K=30.0$ $P=0.5$ での適用結果を示す．図 11.21 は線形回帰式と貯留関数法での結果の比較である．α-cut ととして 0.0, 0.3, 0.7, 1.0 を用いているが，貯留関数法のほうが，降水量の変動を忠実に反映しているようである．図 11.22 は得られた流入量（貯留関数法）を用いてダム操作を行った結果である．水力発電に関しては貯留量が最大にしつつ，水需要量をできるだけ確保しようとしていることがわかる．

11.5.3 カオス理論によるレーダ降雨情報の予測

Takasao et al. (1994) はレーダ雨量計を利用した降雨予測を展開しているが，降雨現象の複雑さのために予測誤差が大きく，より詳細な気象モデルの導入に取り組んでいる[14]．ここでは，光学的手法による予測方法と AI 手法を用いた誤差の修正法について検討しよう．オプティカルフローといわれる光学手法では，レーダエコーの移動に関するパラメータは次式によって求められる[15]．すなわち，連続式が式 (11.30)

$$\frac{\partial Z}{\partial x}v_x + \frac{\partial Z}{\partial y}v_y + \frac{\partial Z}{\partial t} = 0 \tag{11.30}$$

$$\left\{\frac{\partial^2 v_x}{\partial x^2} + \frac{\partial^2 v_x}{\partial y^2}\right\} + \left\{\frac{\partial^2 v_y}{\partial x^2} + \frac{\partial^2 v_y}{\partial y^2}\right\} \to \min \tag{11.31}$$

で与えられ，ラプラスの方程式 (11.31) を最小化することになる．ここに，v_x と v_y は x 方向，y 方向の速度，$Z(t)$ は時刻 t でのレーダエコーである．全体的な移動速度が求められると，ニューラルネットワークによって，それぞれの画像メッシュでのエコーの予測が行われる．ここでのニューラルネットワークはリカレント型とし，ジェネティックアルゴリズム (GA) でノードの個数が決定されるとする．台風などの移流性降雨では，主たる移動方向はオプティカルフローとニューラルネットワークで予測され，地形性に基づく降雨の乱れは統計的に簡単な法則で把握できるとしてカオス理論を用いるのである．

遺伝的操作情報を適当に組み合わせ，(遺伝子の個数，交差率，突然変異率が 15, 0.5 and 0.03 の時，入力層の個数 12，中間層の個数 21 が得られた．こうして得られる予

9月24日13時

9月24日14時

観測値　カオスなし予測　カオスあり予測

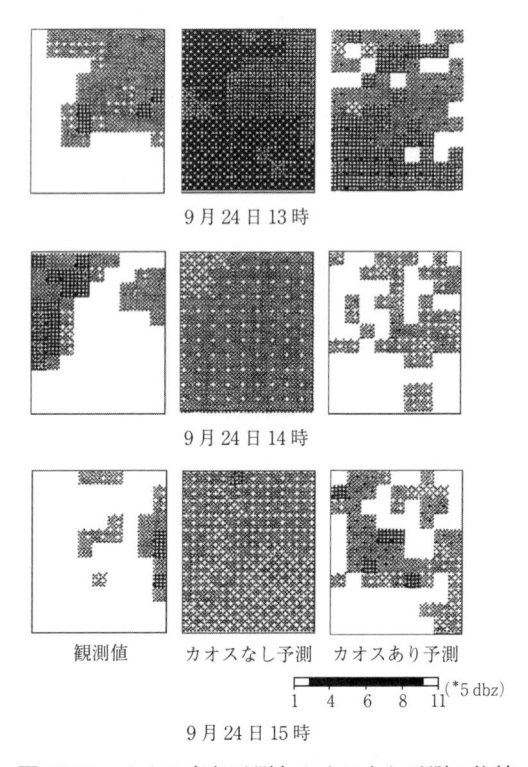

1　4　6　8　11 (*5 dbz)

9月24日15時

図 11.23　カオスあり予測とカオスなし予測の比較

測エコーの残差に対して，統計的カオス理論を適用して誤差の修正を行おうとするものである．

図11.23は1時間先のカオスなし予測とカオスあり予測の比較である．画面の南側ではカオスの効果が顕著に出ており，降雨事象に関してもAI手法の適用が可能であることがわかる．

■ 演習問題

11.1 問題3.4において，便益のファジィメンバーシップ関数，河川流量のメンバーシップ関数を下図のように表すとき，最適な取水形態（ファジィグレードの最大化）を求める定式化を行え．ただし，制約条件や便益関数は同じとする．

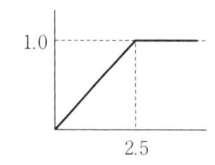

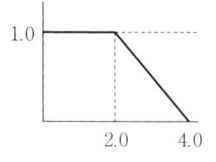

便益のファジィメンバーシップ関数　　河川流量のメンバーシップ関数

11.2 台風の位置（東経，北緯），中心気圧，現在降水量，現在流量を入力として，次時刻の流量を予測するニューラルネットワークを作成したい．入力を5個，中間層を7個とした場合の3層でモデル化せよ（図で示すこと）．

次に，知識ベース型の推論が行われるとして，

　　　ルールi：IF（台風位置，中心気圧，現在降水量，現在流量），THEN　次時刻流量

で与えられるとき，ルールi（$i=1, 2, \cdots I$）の類似度をW_iで次時刻流量を推論するモデル構成を行え（図で示すこと）．

11.3 次のような観測値が並んでいるとき，予測式を$X(t+1)=X(t)$として，予測誤差を求め，そのコレログラム（自己相関系列）を算定し，その持続性を評価せよ．

　72.0　81.5　84.0　86.0　89.0　91.5　96.0　98.5　101.0　105.5　110.5　112.5　113.0
　113.0　114.5　116.0　116.0　120.0　135.5　144.0　164.5　169.5　172.5　181.5　183.0
　189.5　240.5　257.0

■ 参 考 文 献

1) 例えば　繁　周作：だれにでもわかるエキスパートシステム，岩崎技研工業，1987.
2) 上野晴樹：知識工学入門，オーム社，1987.
3) Zadeh, L.A.：Fuzzy algorithms. *Information and Control*, **12**, 1968, 94-102.
4) 古田　均・小尻利治・宮本文穂・秋山孝正・大野　研：ファジィ理論の土木工学への応用，森北出版，1992.
5) 浅居喜代治・田中秀夫・奥田徹示・Negoita, C.V.・Ralescu, D. 編：あいまいシステム理論入門，オーム社，1978.
6) Mamdani, E.H.：Applications of fuzzy algorithms for control of simple dynamic plant. *Proc. IEE.*, **121**, 1974, 1585-1588.
7) 中野　馨：ニューロコンピュータ，技術評論社，1989.

8) Michalewicz Z.: *Genetic Algorithms + Data Structure = Evolution Program*, Springer-Verlag, 1989.
9) Lorentz, E.N.: Deterministic nonperiodic flow. *J. Atmospheric Science*, **20**, 1963, 130-141.
10) 合原一幸・五百旗頭　正：カオス応用システム，ソフトコンピューティングシステム，朝倉書店，1995.
11) 鈴木栄一：気象統計学，地人書館，1983.
12) 小尻利治・池淵周一・ガルバオ，C.：気象予報と類似流況を考慮した貯水池の低水操作．第4回水資源に関するシンポジウム, 1992, 315-320.
13) Kojiri, T., Sugiyama, Y. and Paudyal, G.N.: Fuzzy reservoir operation with multi-objective and few monitoring data. *Proc. Int. Conf. On Environmentally Sound Water Resources Utilization*, 1993, II-280-II-287.
14) Takasao, T., Shiiba, M. and Nakakita, E.: A real-time estimation of the accuracy of short-term rainfall prediction using radar. *Stochastic and Statistical Methods in Hydrology and Environmental Engineering*, **2**, 1994, 339-351.
15) Kojiri, T.: Chaotic prediction of rainfall with radar data and neural network. 13th International Conference on Application of Artificial Intelligence in Engineering, 1998.

12 地下水の有機的活用

■ 12.1 地下水利用の課題

　地下水は，歴史的にも地域水資源の有望な供給源であることはいうまでもない．しかし，その広域的な分布状況，揚水，涵養，地下水質，生態系，地盤沈下，など不明な点が多く，どこでも自由に利用されているわけではない[1]．アフリカやインドでは，過剰揚水による塩害や砒素の流出が発生している[2]．日本でも濃尾地方の地盤沈下は有名で，広域的なモニタリングや地下水規制が行われている[3]．また，地下水は地層の空間や土粒子間を移動するので日当り数cm以下の速度しかなく，河川水のように降水現象に即応して水が回復するものではない．いったん地盤沈下が発生すると地下水を涵養しても元の地盤高に回復することはなく，せいぜい70%程度といわれている．ここで，水資源としてみた地下水の特徴をまとめると，

● 安定供給源としての地下水の利用
● 地形的には中下流部の地下帯水層を主として活用
● ダム貯水池の余剰水を涵養に利用
● 適切な操作によって地盤沈下を防止可能

となる．しかし，問題点として，地下水の水質悪化，量的分布把握の困難性，過剰使用による地盤沈下，ダムや地下を多層構造として把握の必要，が挙げられる．地下水は，降水や氷河・積雪の水分が地表から浸透し，帯水層に貯留したり土壌中を流下するものを指している．地下の不浸透によって不圧地下水と被圧地下水に区別される．第6章での流出モデルでは地下20mぐらいの不圧地下水を対象としているが，世界での

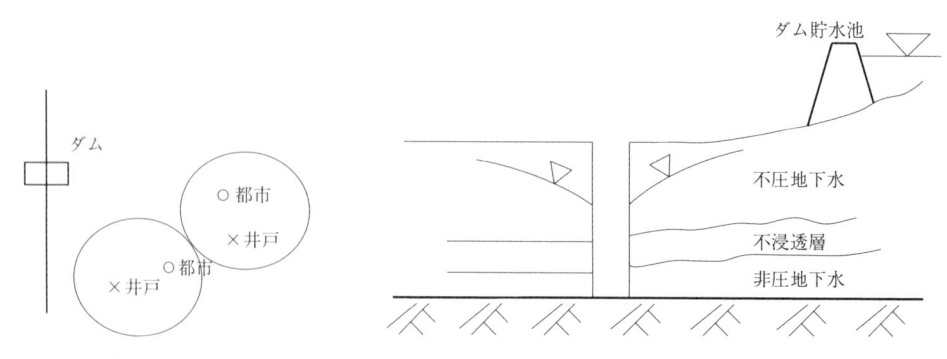

図12.1 地下水利用の空間的イメージ図

図12.2 地下水利用の断面構造

12.1 地下水利用の課題

水利用という観点からは，500 m 以上の被圧地下水を対象としなければならない（図 12.1, 2）．すなわち，水収支モデルと水管理モデルの連携が図られた上での適切な利用方法の提案が必要となる．

そこで，地下水と表流水の有効な利用方法（有機的運用）に関する方法論をまとめてみよう．地下流を求める基礎式はダルシー則に基づいており，飽和，不飽和領域での水収支を3次元的に表現しうる種々の方法が定式化されている[4]．揚水・涵養と地下水位との関係も1（あるいは）2次元移流モデルや線形モデル，水収支モデルなどが提案されている．

一般に，地下水の流れは比較的簡単な水収支式より表現されている．すなわち，準3次元的な流れを対象とする場合に，連続方程式は

$$\frac{\partial S}{\partial t} = -\left(\frac{\partial u}{\partial x} + \frac{\partial v}{\partial y}\right) \tag{12.1}$$

S：土壌中の単位要素中の水分量　u：平面 x 方向の速度　v：y 方向の速度

となる．一方，運動方程式はダルシー則で表され，

$$u = -k(x, y)\frac{\partial \phi}{\partial x}, \quad v = -k(x, y)\frac{\partial \phi}{\partial y} \tag{12.2}$$

ϕ：地下水頭（速度ポテンシャル）で x, y, t の関数　k：透水係数

となる．地下水層には自由水面がある不圧地下水層と帯水層間水圧を受ける被圧地下水層に区分される．前者は不飽和浸透流の解析が必要であり，後者は式(12.1)と(12.2)を解くことに求めることができる．井戸による揚水や涵養を考える場合，

$$S_s \frac{\partial h(x, y, t)}{\partial t} = \frac{\partial}{\partial x}\left\{T(x, y)\frac{\partial h(x, y, t)}{\partial x}\right\} + \frac{\partial}{\partial y}\left\{T(x, y)\frac{\partial h(x, y, t)}{\partial y}\right\} \\ - \sum_{j=1}^{J} Q_j \delta(x-x_j)\delta(y-y_j) + f(x, y, t) \tag{12.3}$$

S_s：貯留係数で比貯留係数に被圧地下水層の厚さを乗じたもの　$T(x, y)$：透水量係数で透水係数に帯水層厚を乗じたもの　Q_j：j 地点 (x_j, y_j) における井戸による揚水・涵養量　J：揚水・涵養井戸の総数　$\delta(x-x_j)\delta(y-y_j)$：ディラックのデルタ関数（$j$ 地点では1，それ以外では0）

となる．$f(x, y, t)$ は湧き出しや吸い込みなどを表す関数である．比貯留係数は

$$S' = \rho_f g(n\beta + \alpha) \tag{12.4}$$

n：空隙率　α：帯水層の圧縮率　β：水の圧縮率　ρ_f：淡水の密度　g：重力加速度

で求められる．

地下水を水資源とみると問題点は，(i) 地下水分布の把握，(ii) 表流水と地下水の有機的利用方法，(iii) 緊急時の利用方法，(iv) 利用がもたらす地盤沈下，水質悪化予測，であろう．(iv) は今後の研究課題であり，(i), (iii) は地下水の解析手法，パラメータ同定法で，多くの方法が提案されている．本章では，(ii) の有機的利用方法とそれを実行するための計算手法を要約する．

河川表流水と地下水の有機的利用とは，流域内の各種の水利用を満足させるため，

設定された物理的，経済的，機能的制約の下，河川水からの取水あるいはダム貯水池からの放流水と地下水からの汲み上げを適切に行うこと，と表現できる．物理的制約は地盤沈下や水質悪化，地下水利用可能量などを表し，経済的制約は，設備の建設，運用費用，水利用便益，を表す．機能的制約は，施設の貯留，導水，汲み上げ機能などの設計・施工上，運用上の問題である．ここで，階層構造の最適化を導入し，河川水と地下水の連携を可能にした最適化手法を提案する．

■ 12.2 多層構造に関する解法（分割化による解の探索）

地下水と表流水は，明らかに多層構造と考えられるので[5]，それらの総合関係を保持するともに統一したシステムとして最適運用が出来るよう定式化を行おう．一般に，こうした多層モデルには，次の二つの方法がある．すなわち，

i) model coordination method： 常に全体の実行可能な解集合を求める．feasible method ともいわれる．

ii) goal coordination method： サブシステムでは実行可能だが，全体としては実行不可能な解集合の中よりスタートし，全体に実行可能な最適解を求める．non-feasible method ともいう．

例として，$G1$ と $G2$ の多層構造より形成されていると想定する．目的関数は最小化であり，以下のように定式化される[6]（図12.3）．

$$P(m, y, x) \to \min L(m, y, x)$$
$$\text{subject to } G(m, y, x) = 0 \tag{12.5}$$

m：操作ベクトル　y：出力ベクトル　x：結合ベクトル

ここでシステムの分割を行うが，擬似変数を導入し次式が成立する．

$$x - \delta = 0 \tag{12.6}$$

すると，全体の目的関数は次式となる（図12.4）．

$$L = P1 + P2 + G1 + G2 + \lambda(x - \delta) \tag{12.7}$$

1) model coordination

解の探索には二通りあり，その一つは実行可能解の中より最適化に近づくものである．すなわち，最小化を行うことである．

$$L_1 = (m_1, y_1, x_1, \lambda_1 ; \delta_2) \tag{12.8}$$
$$L_2 = (m_2, y_2, x_2, \lambda_2 ; \delta_1) \tag{12.9}$$
$$x - \delta = 0$$

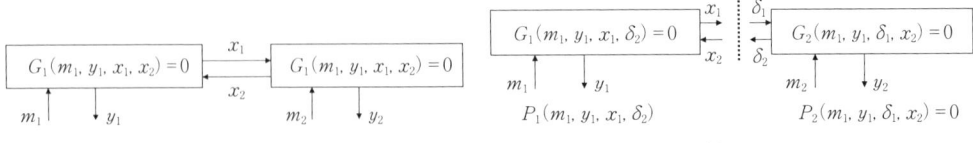

図12.3 システムの分割化

図12.4 分割されたシステム

擬似変数は，次式の反復計算で修正されていく．ただし，それぞれのシステムでは水収支は成立するが全体で成立しているわけではない．

$$\delta_i^{k+1} = \delta_i^k - \Delta \frac{\partial L}{\partial \delta} \tag{12.10}$$

2) goal coordination

一方，全体の水収支を満足させながらそれぞれの配分を考えていくのは二つ目の方法である．図12.5のように評価値が最大化されると水収支が満足されたことになる．

$$L_1 = (m_1, y_1, x_1, \delta_2 ; \lambda_1) \tag{12.11}$$
$$L_2 = (m_2, y_2, x_2, \delta_1 ; \lambda_2) \tag{12.12}$$
$$x - \delta = 0 \tag{12.13}$$

ここではラグランジェの未定乗数が修正され，以下のようになる．

$$\lambda_i^{k+1} = \lambda_i^k - \Delta (x_i^k - \delta_i^k) < -\frac{\partial L}{\partial \lambda} \tag{12.14}$$

3) 収束条件

この収束過程は，それぞれのモデルを重要視するか全体のバランスをとるかの相違があり，全体の最適値（Opt）に向かって，峰上を最小化していくか谷上を最大化していくかである（図12.5）．

4) 収束への特徴

計算過程はいずれも反復計算であるので，発散，中間収束，局所最適が発生するので，離散幅の決め方などに注意する必要がある（図12.6）．

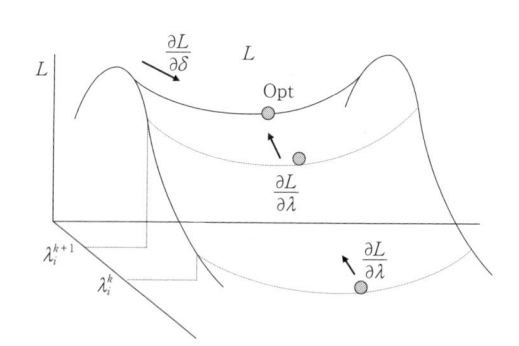

図 12.5 最適解の探索方向

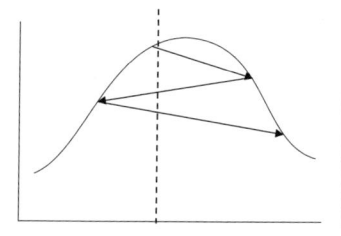

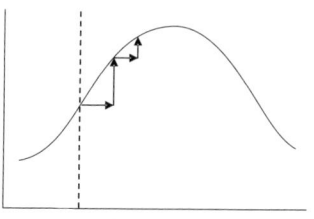

(a) 発散：Δが大きすぎる　　(b) 中間収束：Δが小さすぎる　　(c) 局所最適：目的関数Lが凸でない

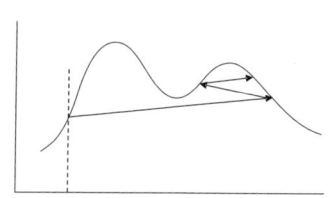

図 12.6 解の収束状況

12.3 水資源問題における適応例

12.3.1 地下水モデルの定式化

地下水モデルとして線形応答関数（algebraic technological function）を適用する[7]．揚水を実施したときに，第 n 期，井戸 k の地下水位低下量 $D'(k, n)$ は次のようになる．

$$D'(k, n) = \sum_{m=1}^{M}\sum_{i=1}^{n}[\beta(k, m, n-i+1)q(i, m) + \beta'(k, m, n-i+1)v(i, m)] \quad (12.15)$$

$\beta(k, m, n-i+1)$：井戸 k, m について，第 i 期に井戸 m で単位水量の揚水を実施したときに，第 n 期での井戸 k の地下水位低下量　$\beta'(k, m, n-i+1)$：涵養による水位の上昇量　q：揚水量　v：涵養量

ここで，計算初期の地下水位を $H(k, 0)$ とすると，第 n 期の水位は次式で表される．

$$H(k, n) = H(k, 0) - D'(k, n) + D''(k, n) \quad (12.16)$$

$D''(k, n)$：計算開始前の井戸の利用による水位変化

12.3.2 ダム貯水池のモデル化

最適化を実行するため線形計画法でのモデル化を行う[8]．

$$X(t) + V(t) + QO(t) = S(t-1) + QI(t) - S(t) \quad (12.17)$$

$X(t)$：取水量　$V(t)$：涵養量　$QO(t)$：放流量　$QI(t)$：河川での流入量　$S(t)$：貯水量

すると，システム全体の定式化は

$$Z = \sum_{t=1}^{T} ZS(X(t), V(t), Q(t), S(t)) \to \min \quad (12.18)$$

$$ZS = AX(t)^2 + BV(t)^2 + P\{H(0) + \sum_{i=-TB}^{t}\beta(t-i+1)[Q(i) - V(i)]\}Q(t) \quad (12.19)$$

subject to

・施設能力　　$0 <= X(t) <= X_{\max}$

　　　　　　　$0 <= V(t) <= V_{\max}$

　　　　　　　$0 <= Q(t) <= Q_{\max}$　　（揚水量）

　　　　　　　$S_{\min} <= S(t) <= S_{\max}$

・需要量　　　$D_{\min} <= X(t) + Q(t)$

$$H_{\min} \leq H(0) + \sum_{i=TB}^{t}\beta(t-i+1)[Q(i) - V(i)] \leq H_{\max} \quad (12.20)$$

となる．分割化方法として，$V(t)$ の擬似変数を $SV(t)$，ラグランジェ乗数を RV，および，$Q(t)$ の擬似変数を $SQ(t)$，ラグランジェ乗数を RQ とする．その結果，全体の目的関数は

$$Z = \sum_{t=1}^{T} ZS(X(t), V(t), Q(t), S(t)) + RV(t)(V(t) - SV(t))$$

$$+ RQ(t)(Q(t) - SQ(t)) \quad (12.21)$$

12.3 水資源問題における適応例

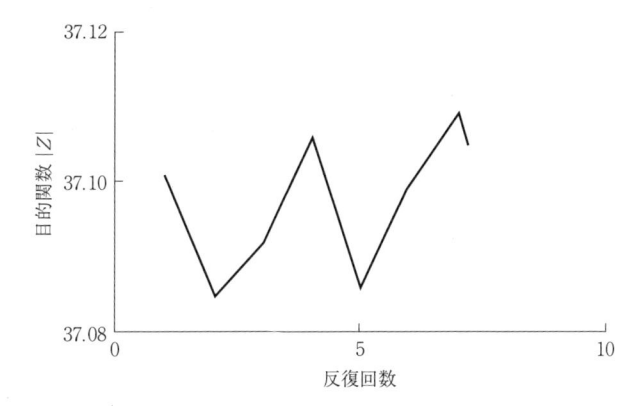

図 12.7 収束過程の例

表 12.1 涵養量と放流量の操作結果

T	$X(t)$	$S(t)$	$V(t)$	$SV(t)$	$Q(t)$	$SQ(t)$
1	1.150	75.000	0.001	0.0	2.468	1.350
2	2.222	75.000	1.286	0.0	2.253	0.278
3	1.165	73.943	1.032	1.057	1.551	1.335
4	0.0	71.722	1.473	2.221	3.362	2.500
5	0.0	70.000	2.246	2.222	0.861	2.500
6	1.721	70.000	1.337	0.500	2.106	0.779
7	0.0	71.278	1.550	2.221	3.598	2.500
8	2.221	73.778	0.920	0.0	2.386	0.279
9	0.0	70.057	1.160	2.221	2.190	2.500
10	1.386	71.721	1.639	0.836	1.491	1.114
11	0.0	70.000	0.0	2.221	2.196	2.500
12	2.222	69.999	1.009	0.0	1.699	0.278

サブシステムの目的関数は,それぞれ

$$ZD = A\left\{\sum_{t=1}^{T} X(t)^2\right\} - \sum_{t=1}^{T}(RV(t) - SV(t) + RQ(t) - SQ(t)) \to \min \tag{12.22}$$

$$ZG = B\left\{\sum_{t=1}^{T} V(t)^2\right\} + \sum_{t=1}^{t}\left\{P\left(H(0) + \sum_{i=TB}^{t}\beta(t-i+1)[Q(t)-V(t)]\right)Q(t)\right\}$$
$$+ \sum_{t=1}^{T}\{RV(t)V(t) + RQ(y)Q(t)\} \tag{12.23}$$

となる.反復計算を行うため,反復回数を k,変化幅を Δ で表すと,涵養量,放流量のラグランジェ乗数,擬似変数は

$$RV(t)^{k+1} = RV(t)^k + \Delta R(V(t)^k - SV(t)^k) \tag{12.24}$$

$$RQ(t)^{k+1} = RQ(t)^k + \Delta Q(Q(t)^k - SQ(t)^k) \tag{12.25}$$

となる.例として,単一ダム,単一井戸システムで年間操作の最適化において,

$$\beta(t) = 10 \cdot \exp\{w(t-1)\} \quad w = -\frac{1}{6}\ln 0.25 \tag{12.26}$$

とすると,図 12.7 のような収束過程と表 12.1 のような操作結果が得られた.

地下水が有力な水資源であることはいうまでもないが,その地中での流動ゆえに実

演習問題

12.1 $f(x_1, x_2) = (x_1-3)^2 + x_1 x_2 + (x_2+1))^2 \to \min$ を実施するために分解原理を適用したい．

i) 擬似変数 $\sigma = x_1$ とラグランジェ定数 λ を用いて問題の関数をラグランジェ関数として表せ．

ii) goal coordination (non-feasible method) を用いるとして，分解された関数 $L_1(x_1; \lambda)$ と $L_2(x_2, \sigma; \lambda)$ を求めよ．

iii) $\partial L_1(x_1; \lambda)/\partial x_1, \partial L_2(x_2, \sigma; \lambda)/\partial x_2, \partial L_2(x_2, \sigma; \lambda)/\partial \sigma$ より σ と λ の関係を求めよ．

iv) $x_2 - \sigma = 0$ を用いて $x_1, x_2, \sigma, \lambda, f(x_1, x_2)$ を求めよ．

12.2 $f(x_1, x_2) = (x_1-3)^2 + x_1 x_2 + (x_2+1))^2 \to \min$ を goal coordination (non-feasible method) で求めよ．擬似変数 $\sigma = x_1$ とラグランジェ定数 λ を用いたラグランジェ関数は前問と同じである．

$$L(x_1, x_2, \sigma, \lambda) = (x_1-3)^2 + \sigma x_2 + (x_2+1)^2 + \lambda(x_2 - \sigma)$$

i) model coordination (feasible method) を用いるので，$L_1(x_1, \lambda; \sigma)$ と $L_2(x_2; \sigma)$ を求めよ．

ii) $\partial L_1(x_1, \lambda; \sigma)/\partial x_1, \partial L_2(x_2; \sigma)/\partial x_2, \partial L_1(x_1, \lambda; \sigma)/\partial \lambda$ より σ と λ の関係を求めよ．

iii) $\sigma' = \sigma - \Delta \dfrac{\partial L}{\partial \sigma}$, $\sigma = 1$, $\Delta = 0.5$ を用いて，$x_1, x_2, \lambda, f(x_1, x_2), \sigma'$ を求めよ．それらを第1ステップの解として肩付き添え字1と付けて求めよ．

12.3 図のようなダム群が存在するとき，ダム1とダム2に分解し最適化するための定式化を行え．

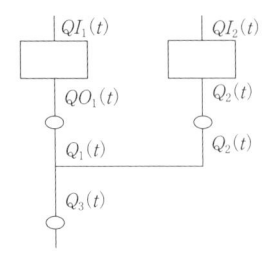

目的は $Z = \sum \{D_1(Q_1(t)) + D_2(Q_2(t)) + D_3(Q_3(t))\} \to \min$
となり，ダム1の放流量を $Q_1(t) = x(t)$ とおき，分解を行う．

12.4 流域 j における被圧地下水層の水収支は以下のようになる．

$$(h_i(t) - h_j(t))\frac{B_{ij} L_{ij}}{T_{ij}} = A_j SS_j \frac{\partial h_j(t)}{\partial t} + W_j(t)$$

A_j：流域 j の面積　SS_j：流域 j の貯留係数　$W_j(t)$：鉛直方向の移動水量　$h_i(t)$：隣接流域 i の水頭　$h_j(t)$：流域 j での水頭　L_{ij}：流域 j と i との中心間距離　B_{ij}：流域 j と i 間の境界面の長さ　T_{ij}：流域 j と i との平均等水量係数

不圧地下水層から被圧地下水層への涵養量は濾水量と推定され

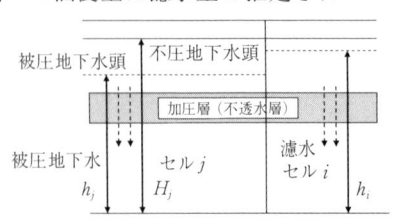

$$w_j(t) = (K'/b') \cdot (H_j(t) - h_j(t))$$

$w_j(t)$：単位面積あたりの濾水量　K'は半加圧層の透水係数　b'：半加圧層の層圧　$H_j(t)$は不圧地下水位となる．

当該時刻内では，水収支が変化しないとして，隣り合う流域（またはセル）において次時刻での被圧水頭を求めよ．

■ 参 考 文 献

1) 柴崎達雄編：地下水盆の管理「理論と実際」，東海大学出版会，1976.
2) 水文・水資源学会編集・出版委員会：地球水環境と国際紛争の光と影，水文・水資源学会，1995，211-213.
3) 水収支研究グループ：地下水資源・環境論－その理論と実践－，共立出版，1993.
4) 水文・水資源学会編集：水文・水資源ハンドブック，水文・水資源学会，1997.
5) Wismer, D.A.: *Optimization Method for Large-scale System with Applications*, McGraw-Hill, 1971.
6) Haimes, Y.Y.: *Hierarchical Analyses of Water Resources Systems*, McGraw-Hill, 1977.
7) Dreizin, Y.C.: Applications of the superposition approach to the modeling and management of ground and surface water resources systems. *Systems Eng. Dept.*, Case Western Reserve Univ., 1975, 30-109.
8) 池淵周一・小尻利治・山本　浩：地下水システムのモデル化とその最適運用に関する研究．京都大学防災研究所年報，**26**B-2, 1983, 273-286.

演習問題解答

● 第 1 章

1.1 気象学： 降水量発生メカニズムや気象要素の推定
　　　林学： 植生による雨水遮断，蒸発散，保水力，水消費の解析
　　　水文学： 降雨流出などの水文サイクルをベースにした水量，水質循環の構築
　　　河川工学： 洪水時から渇水時までの河川内での水量，水質流下過程の算定
　　　農業工学： 農業における導水，水利用過程の解明
　　　水理学： 河川，湖沼，地下水，パイプ，内での水流の解析
　　　社会学： 水利用による社会活動への影響把握および水政策の立案
　　　経済学： 水利用がもたらす社会への経済効果の推定
　　　環境学： 水循環系での水量，水質，化学物質の環境への影響解析
　　　生態学： 水循環系での生態系の動態推定
　　　海岸工学： 汽水域における水利用，塩水の浸入と塩害過程の把握
　　　海洋学： 海水温度分布と大気大循環など海洋がもたらす水文過程への影響解析

1.2 目的軸： 灌漑や発電だけの単一目的から，治水，環境や生態までを同時に考慮する多目的計画を対象とする．
　　　スケール軸： 単一流域から国際河川や地球規模までの広範囲が対象で，それに応じて，単一ダム，複数ダム，種々施設での連携運用が考えられる．
　　　時間軸： 既知の情報だけを対象にしたオフライン計画から未知の情報に対応する実時間問題までが含まれる．

● 第 2 章

2.1

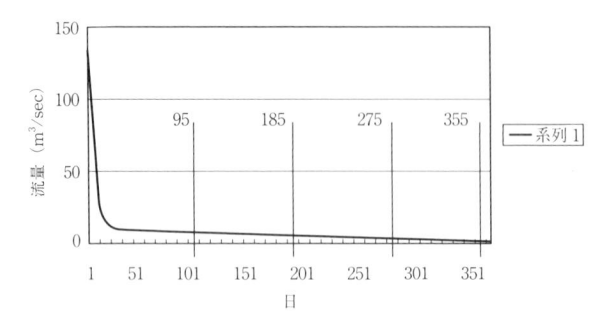

　　　豊水流量　　95 日： 　5.6 m³/sec
　　　平水流量　185 日： 　4.1 m³/sec
　　　低水流量　275 日： 　3.0 m³/sec
　　　渇水流量　355 日： 　1.6 m³/sec

2.2 降水や気温による地域性によって水資源となるものは異なっている．
　　　通常では： 河川表流水，湖沼，浅い地下水
　　　砂漠地帯： 深い地下水，霧・大気からの水分の収集，海水の淡水化
　　　山岳地帯： 氷河

発展した地域，都市： 再利用（工業用水，農業用水），下水処理の再利用，雨水の都市内貯留など

2.3

月	1	2	3	4	5	6	7	8	9	10	11	12
Helsinki	0	0	0	0.71175	1.97672	2.7593	3.1234	2.84256	1.9593	1.058	0.0327	0
Roma	0.7328	0.82	1.114	1.51635	2.32134	3.20043	3.94085	7.17434	3.225	2.257	1.3183	1.58803
Baghdad	0.2148	0.49	1.234	2.76047	5.33657	7.81512	9.35894	8.63542	6.4427	3.345	1.0384	0.33368
Sao Paulo	3.3123	3.4	3.161	2.61943	2.08204	1.75923	1.67217	1.91711	2.0342	2.407	2.7291	3.07199

● 第3章

3.1 スクリーニング段階： 必要な水需要，環境基準を制約として，可能な建設地点，施設を対象とし，数理計画法で最適解を探索する．

シミュレーション段階： 流域内の水循環を詳細に把握し感度分析で最終解を決定する．

シークエンシャル段階： 限られた予算内で効率的に計画目的を達成する．

3.2

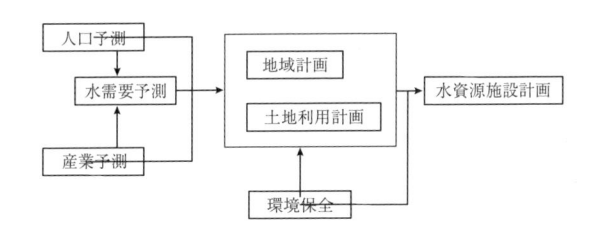

図のように，土地利用が変化することは，産業（農業，工業）と住宅開発が変化することであり，必要とされる水需要量や排出水質に大きな影響を与える．都市の再開発による昼間人口の変化も同じである．また，人口の変化も，水使用量，排出水質が変化する．その結果，必要な安全度を確保する水供給量の確保と配水施設，排水処理施設の建設が必要となる．下水の再利用が実施されれば需要量は減少するが，処理施設，配水施設のコスト面が障害となり，著しい増加は期待できない．利水安全度が低い場合は，海水の淡水化施設や緊急導水路の確保が求められる．

3.3 堤防の許容流量を Q_d で表すと，危険度は $KQ\,(Q=Q_d)=1$

平常流量を $Q=Q_0$ とおけば，$KQ(Q=Q_0)=0$ となる．ここで，流量が Q_0 から Q_d に変化するとき，危険度が流量に比例して増加するとおけば，

$$\frac{dKQ}{dQ}=f(Q)>0 \quad Q_0 \leqq Q \leqq Q_d$$

が成立する．したがって，$f(Q)=\alpha Q$ とおくこともできる．$dKQ/dQ=\alpha Q$ より $KQ=B\alpha Q^2+C$ となり，$0=B\alpha Q_0^2+C$, $1=B\alpha Q_d^2+C$ から

$$KQ=\frac{Q^2}{Qd^2-Q_0^2}-\frac{Q_0^2}{Qd^2-Q_0^2}$$

が得られる．

3.4

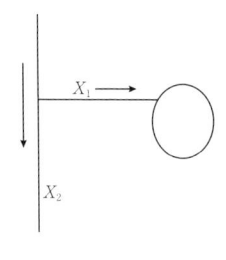

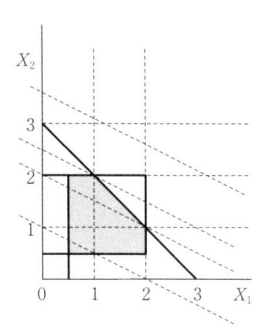

問題より

$X_1 + X_2 \leq 3$　全流量
$X_1 \leq 2$　本川疎通能
$X_2 \leq 2$　導水路疎通能
$X_1 \geq 0.5$　本川維持用水
$X_2 \geq 0.5$　導水路維持用水

これらを X_1-X_2 平面で表すと図中の網部分となる．目的関数は $\max X_1 + 2X_2$ であるので，$X_2 = c - 0.5X_1$ と考えると，この直線は図中の点線を表すことになり，c の最大値は $(X_1 = 1, X_2 = 2, c = 2.5)$ となる．
結局，取水量は 1 t/sec，本川流量は 2 t/sec，便益は 5，となる．

第 4 章

4.1 i) 72.0　81.5　84.0　86.0　89.0　91.5　96.0　98.5　101.0　105.5　110.5　112.5　113.0　113.0　114.5　116.0　116.0　120.0　135.5　144.0　164.5　169.5　172.5　181.5　183.0　189.5　240.5　257.0
Ave 130.643　STD 130.815

ii) 0.345　0.069　0.103　0.138　0.172　0.206　0.241　0.276　0.31　0.345　0.379　0.414　0.466　0.466　0.517　0.569　0.569　0.621　0.655　0.69　0.724　0.759　0.793　0.828　0.862　0.897　0.931　0.966

iii) 平均 130.6，標準偏差 50.7

iv) 正規分布なので $z = (x - 130.6)/50.7$ で正規化を行う．それぞれ，$-0.88, 0.264, 2.16$ となる．参考図書[8] の正規分布表より，$P(86) = 0.189$，$P(144) = 0.603$，$P(240) = 0.846$ となる．トーマスプロットでは $FT(86) = 0.138$，$FT(144) = 0.69$，$FT(240.5) = 0.931$ で，相違が見られる．

4.2 データ z が対数正規分布に従うとして，その平均値をとると，$x = \ln z$ とおけば，

$\mu = \frac{1}{\sqrt{2\pi}\zeta} \int_{-\infty}^{\infty} \exp\left[x - \frac{1}{2}\left(\frac{x-\lambda}{\zeta}\right)^2\right] dx$ が成立する．

これを展開すると，

$$\mu = \frac{1}{\sqrt{2\pi}\zeta} \int_{-\infty}^{\infty} \exp\left[-\frac{1}{2}\left(\frac{x - (\lambda + \zeta^2)}{\zeta}\right)^2\right] dx \cdot \exp\left(\lambda + \frac{1}{2}\zeta^2\right) = \exp\left(\lambda + \frac{1}{2}\zeta^2\right)$$

となる．また，標準偏差は

$$\sigma^2 = \frac{1}{\sqrt{2\pi}\zeta} \int_{-\infty}^{\infty} \exp(2x) \exp\left[-\frac{1}{2}\left(\frac{x-\lambda}{\zeta}\right)^2\right] dx$$

$$= \frac{1}{\sqrt{2\pi}\zeta} \int \exp\left[-\frac{1}{2}\left(\frac{x - (\lambda + 2\zeta^2)}{\zeta}\right)^2\right] dx \cdot \exp(2(\lambda + \zeta^2))$$

$$= \exp(2(\lambda + \zeta^2))$$

が得られる．

4.3 i) 渇水回数は 8 回．期間数は 12　1　2　12　13　1　3　10

したがって，回復度 = 1/(12+1+2+12+13+1+3+10)/8 = 1/50/8 = 0.16（半旬として）

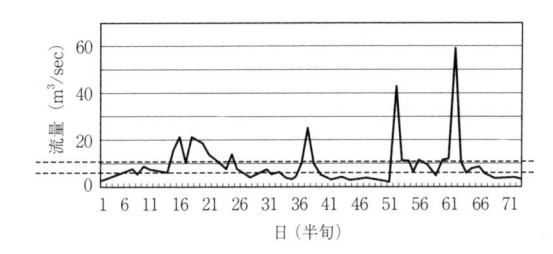

ii) 渇水回数は 10 回．期間数は 4　1　1　4　5　13　1　1　1　7

したがって，回復度 = 1/(4+1+1+4+5+13+1+1+1+7)/10 = 1/42/10 = 0.24（半旬として）

4.4
$$fD(Q(t)) = \sum \frac{|Q(t)-Qd|}{Qd} \times 100 \quad \text{when } Q(t) < Qd$$

$$fD'(Q(t)) = \sum \left\{ \frac{|Q(t)-Qd|}{Qd} \times 100 \right\}^2 \quad \text{when } Q(t) < Qd$$

計算の結果，i) では 2442.4×5（半旬）= 12212.0，ii) では 9225.94×5（半旬）= 46129.7 となる．

第 5 章

5.1 回帰式による X_i での予測値を $Y'_i = aX_i + b$ とする．誤差の二乗和は

$$\Delta^2 = \sum_{i=1}^{N}(Y_i - Y'_i)^2 = \sum_{i=1}^{N}(Y_i - aX_i - b)^2 \to \min$$

となる．ここで極小値は，a, b で偏微分したものが 0 になるので，

$$\frac{\partial \Delta^2}{\partial a} = \sum_{i=1}^{N} 2(Y_i - aX_i - b)(-X_i) = 2\left(-\sum_{i=1}^{N}Y_iX_i + a\sum_{i=1}^{N}X_i^2 + b\sum_{i=1}^{N}X_i\right) = 0$$

$$\frac{\partial \Delta^2}{\partial b} = \sum_{i=1}^{N} 2(Y_i - aX_i - b)(-1) = 2\left(-\sum_{i=1}^{N}Y_i + a\sum_{i=1}^{N}X_i + b \cdot N\right) = 0$$

が得られる．結局，

$$a = \frac{\sum_{i=1}^{N} y_i x_i - N\overline{xy}}{\sum_{i=1}^{N} x_i^2 - N\bar{x}^2} \quad b = \frac{1}{N}\sum_{i=1}^{N} y_i - \frac{a}{N}\sum_{i=1}^{N} x_i = \bar{y} - a\bar{x}$$

ここに，$\bar{x}$ は x の平均値，$\bar{x} = (1/N)\sum_{i=1}^{N} x_i$，$\bar{y}$ は y の平均値である．

5.2 式 (5.24) から (5.28) の関係をシステムダイナミクスのシステムフローで表すと次のようになる．

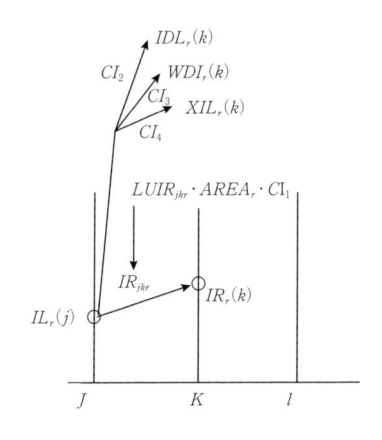

また，ステラ形式でのカジュアルダイアグラムで表すと次のようにも書ける．

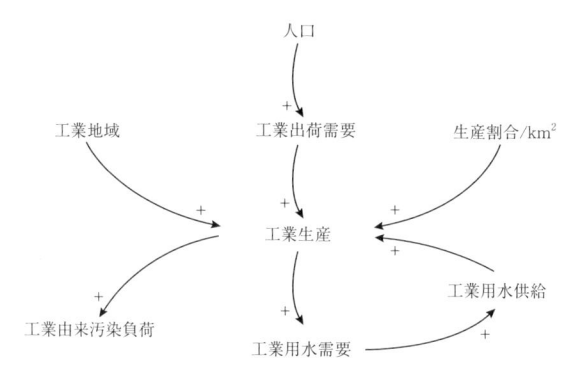

5.3 式 (5.2) から (5.7) の関係をシステムダイナミックスのシステムフローで表すと次のようになる．

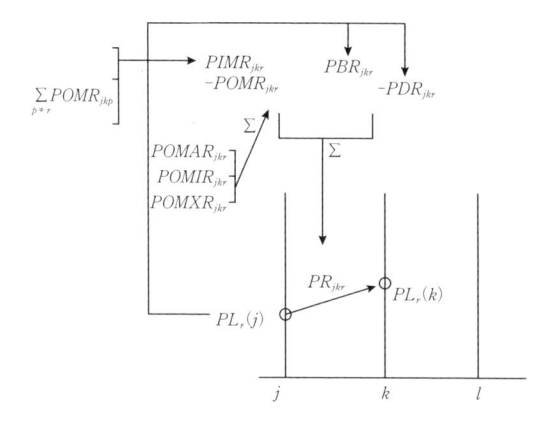

また，ステラ形式でのカジュアルダイアグラムで表すと次のようにも書ける．

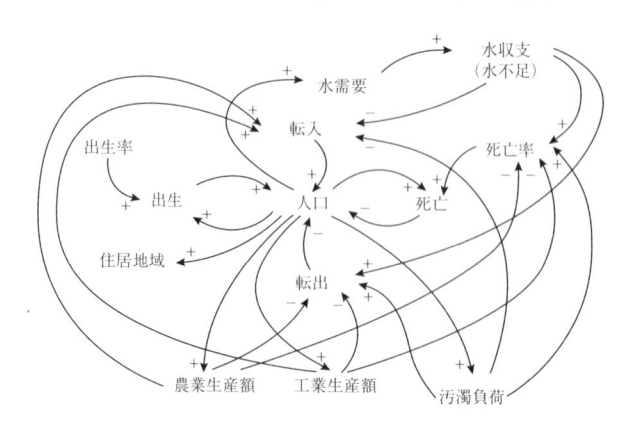

● 第6章

6.1 マニング則よりの平均流速は $v = (1/n) R^{2/3} I^{1/2}$ である．ここに，n は粗度係数，R は径深，I は勾配である．径深は

$$R = \frac{Bh}{2h+B} \ (B:川幅, \ h:水深) = \frac{h}{2h/B+1} \approx h$$

とみなせるので，$q = vh = (1/n) h^{5/3} I^{1/2}$ が得られる．したがって，$\alpha = I^{1/2}/n$, $m = 5/3$ となる．

6.2 第1式を積分すると $h(t) = r_0 \cdot t$ となり，これを第2式に入れて積分すると $x(t) = \alpha \{r_0\}^{m-1} t^m$ となる．距離が X_0 になった時であるから，時刻 t_1 は

$$t_1 = \left\{\frac{X_0 \cdot r_0}{\alpha(r_0)^m}\right\}^{1/m} = \left\{\frac{X_0 \cdot r_0}{\alpha}\right\}^{1/m} / r_0$$

となり，水深 h_1 は $h_1 = (X_0 \cdot r_0/\alpha)^{1/m}$ である．

6.3　$N_u = R_b \cdot N_{u+1} = R_b \cdot R_b \cdot N_{u+2} = \cdots = R_b^{H-u} \cdot N_H = R_b^{H-u}$．$N_H$ は最下流なので1である．河道長の総数は $LT_u = N_u L_u$ で与えられるので，

$$LT_u = N_u L_u = N_u L_1 R_L^{u-1} = R_b^{H-u} L_1 R_L^{u-1}$$

となり，最大次数，次数1の河道長，分岐比，河道長則で表現される．

● 第7章

7.1　縦方向一次元等流状態で水質分布を定常状態とするので，水質は

$$u\frac{dC}{dx} = E\frac{d^2C}{dx^2} - kC$$

となる．$C = a \cdot \exp\{-wx\} + b$ とおけば，

$$-awu\exp\{-wx\} = aEw^2\exp\{-wx\} - ak\exp\{-wx\} - bx$$

したがって，$b = 0$，$Ew^2 + uW - k = 0$ となり，

$$w = \frac{-u + u\sqrt{1 + 4Ek/u^2}}{2E}$$

であり，$k = w$ とおくと $C = C_0 \exp\{-kx\}$ が得られる．

7.2　基礎式は $\frac{\partial C}{\partial t} = -k \cdot C$ となる．これを積分することによって $CR(t) = CR(0)e^{-kt}$ が得られる．

7.3　問題で与えられている式は $\int \frac{1}{\left(1-\frac{NF}{b}\right)NF} dNF = \int \left[\frac{1}{NF} + \frac{1}{(b-NF)}\right] dNF = \int dt$ となり，$\ln(NF) - \ln(b - NF) = b \cdot t + d$　d：constant より

$$NF(t) = \frac{b}{1 + \left[\frac{b}{NF(0)} - 1\right]\exp(-t)} = \frac{2NF(0)}{1 + \exp(-t)}$$

となる．また，$NF(t)$ の1次導関数より $NF(0)$ より単調に増加し $2NF(0)$ に漸近する．

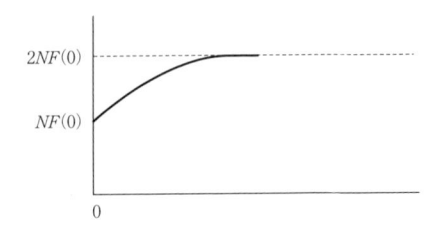

● 第8章

8.1　解答例

上流域：　河川は，レクリエーション，野外活動，生態系の保全，水源の確保，などのために，自然環境を享受する場所とみなすことができる．従って，出来るだけ自然形態に近い護岸（不必要な堤防を作らない）が望ましい．

中流域：　里山，農耕地・都市などがあり，親水性（水辺へのアプローチ），生態系の保護が可能で必要な高水を守ることが要求される．そのため，出来るだけ自然状態を保存した河道状態を維持し，親水性のあるシンプルな景観護岸が良い．

下流域：　都市部での必要な安全度確保が第1である．市民の憩いの場所となるべく，空間的に可能であれば副断面構造で親水性が確保されていることが望ましい．空間が狭い場合は，コンクリート壁の護

岸も止むを得ないが，平常時には水辺で憩える施設配置を行うべきである．

8.2 解答例

評価式として，計画後の値が望ましい値に近づくように定式化する．すなわち，

① 水資源開発，維持管理のコスト削減・省力化： 許容できる開発・管理コストを $COSTD$，プロジェクトに必要なコストを $COSTP$ で表せば，評価は $FEC = COST/COSTD \longrightarrow \min$ となる．

② 水環境の保全対策： 水環境保全を地域のおける生態系の保全とみなす．ある種の過去の生息数を望ましい値 NSH とし，生態系が維持できる最小数を NSM，計画による種の数を NSP とすれば，$FES = (NSP - NSM)/(NSH - NSM) \longrightarrow \max$ とすることができる．種が複数存在するときはその最小値で評価される．

③ 安全でおいしい水の確保： BOD，COD などの水質問題と定義する．超えてはならない水質基準を WQD，望ましい水質値を WQT，計画時の水質を WQP とすれば，$FEW = (WQP - WQT)/(WQD - WQT) \longrightarrow \min$ となる．

④ 地震・渇水に強い水供給の確立： 必要な耐震強度を SES，計画耐震強度を SEP，渇水流量を WDD，河川流量を WDR とすれば，$FEQ = \min\{SEP/SES, WDR/WDD\} \longrightarrow \max$ となる．

⑤ 水に対する新たなニーズへの対応： 現在は，親水性や河川景観が求められており，親水性だけを取り出すと，交通手段の便利さ，水辺での安全性，空間的広さ，利用内容の充実，などが基準となる．そこで，それぞれの目標値を TRT，SWT，SRT，CRT，とし，計画値を TRP，SWP，SRP，CRP とすれば，

$FET = TRP/TRT \longrightarrow \min$

$FES = SWP/SWT \longrightarrow \max$

$FEA = SRP/SRT \longrightarrow \max$

$FEC = CRP/CRT \longrightarrow \max$

これを上位の計画と結合するには統合化が必要となり，交通手段を $FET' = TRT/TRP \longrightarrow \max$ とし $FEO = MIN\{FES, FEA, FEC, FET'\} \longrightarrow \max$ が考えられる．

8.3 前件部は，規則1 = 0.5，規則2 = 0.5，規則3 = 0.2，規則4 = 0.2，規則5 = 0.2，規則6 = 0.2

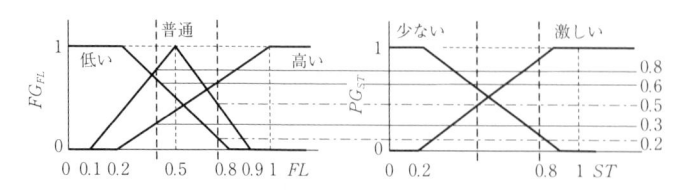

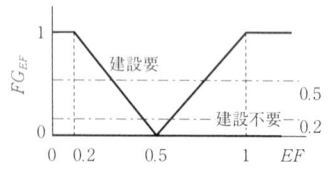

ファジイ高さ法では推論値は

$\text{FE} = 0.5 \times 0.75 + 0.5 \times 0.75 + 0.2 \times 0.35 + 0.2 \times 0.65 + 0.2 \times 0.35 + 0.2 \times 0.35 / (0.5 + 0.5 + 0.2 + 0. + 0.2 + 0.2)$

$= 1.02/1.8 = 0.57$

堤防の建設が必要かどうかは 0.57 と曖昧である．

第9章

9.1

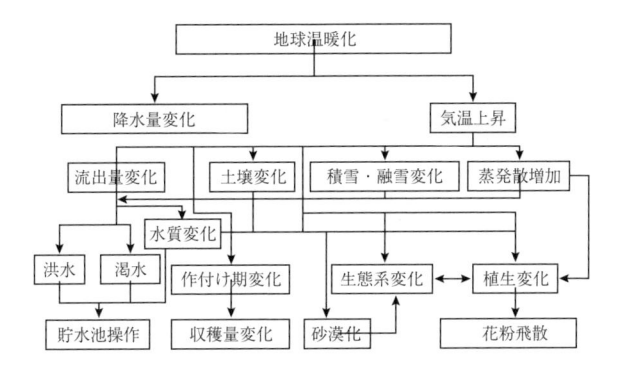

```
                    地球温暖化
                   ／        ＼
              降水量変化        気温上昇
             ／    ＼       ／    ＼    ＼
        流出量変化  土壌変化  積雪・融雪変化  蒸発散増加
              ＼  ／
            水質変化
           ／    ＼
        洪水  渇水  作付け期変化  生態系変化 ⇔ 植生変化
         ｜        ｜         ｜         ｜
       貯水池操作  収穫量変化   砂漠化      花粉飛散
```

9.2 温暖化後の気温，降水量を $T'(t) = T(t) + 3$, $R'(t) = 1.1 R(t)$ とし，農業用水需要量を $QA'(t) = (1+\alpha) QA(t)$ とおくと

$$QA'(t+1) = -0.03 - 0.01 \cdot 1 \cdot 1 \cdot R(t-4) + 0.02 \cdot (T(t-4)+3) + 0.83 QA'(t) + 0.14 QA'(t-2)$$

となるので，整理をすれば，

$$\alpha QA'(t+1) = -0.001 \cdot R(t-4) + 0.02 \cdot (3) + 0.83 \cdot \alpha \cdot QA(t) + 0.14 \cdot \alpha \cdot QA(t-2)$$

となる．年合計値で表すと，結局，

$$\alpha \sum QA(t) = -0.001 \cdot \sum R(t) + 0.02 \cdot 365 \cdot (3) + 0.83 \cdot \alpha \cdot \sum QA(t) + 0.14 \cdot \alpha \cdot \sum QA(t)$$

となり，

$$\alpha \cong \frac{-0.001 \cdot \sum R(t) + 0.02 \cdot 365 \cdot (3)}{0.03 \cdot \sum QA(t)}$$

で表される．10％上昇のとき 2.18×10^{-8} 増量，10％減少のとき $\alpha = 4.74 \times 10^{-8}$ 増量となる．

9.3 問題9.1より降水量，気温の変化により蒸発散，土壌水分量，流出流量・水質に変化が生じることになる．その結果として，

農業では： 田植え・稲刈りに時期や収穫量，野菜の作付け時期

林業では： 植生分布の変化，および花粉の発生時期

漁業では： 水温変化による魚貝類の変動や海流の不安定に伴う漁場の移動

都市活動では： 水需要量の増加，渇水・洪水の発生，都市温暖化と連動した都市域での豪雨発生

工業では： 渇水時期が増加することによる補給水の増加

貯水池を取り上げると： 湖面蒸発，水需要量増加による操作の変更

などがあげられる．

　生活様式として集約すると，平均気温が上昇するので，暑い日が多くなり，冬より夏のレジャーが多くなる．また，洪水，渇水が起こりやすく災害に対応できる準備が必要である．農作物の作付け時期が変化し食物からの季節性が変わる．魚貝類に関しても生息場所や固有種が変わり，養殖方法や釣り情報が異なってくる．

9.4 Thornthwaite法は次のように定式化される．

$$Ep' = 0.533 D_0 (10(T_i+3)/H')^{a'} \quad H' = \sum_{i=1}^{12} ((T_i+3)/5)^{1.514}$$

$$a' = (0.675 H'^3 - 77.2 H'^2 + 17920 H' + 492390) \times 10^{-6}$$

H'：温暖化後の熱指数，　T_i'：温暖化後の i 月の月平均気温（℃）

水田では可能蒸発量がそのまま蒸発できるとして計算を進める．よって，$Ep'/EP = 1.22$.

第10章

10.1 制約条件は以下のようになる．

連続式：
$$\begin{vmatrix} S(1) & & +QO(1) \\ -S(1)+S(2) & & +QO(2) \\ & \ddots & \vdots \\ -(S(T-1) & & +QO(T)) \end{vmatrix} = \begin{vmatrix} S(0)+I(1) \\ I(2) \\ \vdots \\ S(T)+I(T) \end{vmatrix}$$

貯水量：
$$\begin{vmatrix} S(1) & & \\ & \ddots & \\ & & S(T-1) \end{vmatrix} \leq \begin{vmatrix} V \\ \vdots \\ V \end{vmatrix}$$

放流量：
$$\begin{vmatrix} QO(1) & & \\ & \ddots & \\ & & QO(T) \end{vmatrix} \leq \begin{vmatrix} Q_d \\ \vdots \\ Q_d \end{vmatrix}$$

部分整形化は $0 \leq U_m^y = Q_{md}^y - Q_{md}^{y-1}$ で表されるので ($y=1, 2, 3$), 目的関数は $J = \sum_{t=1}^{T} \sum_{y=1}^{3} C_m^y u_m^y(t) \to \min$ となる. また, 制約条件として

$$\begin{vmatrix} u_1(t)+u_2(t)+u_3(t) & & \\ & \ddots & \\ & & u_1(T)+u_2(T)+u_3(T) \end{vmatrix} = \begin{vmatrix} QO(1) \\ \vdots \\ QO(T) \end{vmatrix}$$

が加わることになる.

10.2 たとえば, 条件として,

(i) $\left.\dfrac{\partial D\{Q(t)\}}{\partial Q(t)}\right|_{Q(t)=Q_{md}} = \infty$, (ii) $D\{0\}=0$, (iii) $D\{Q_{md}\}=1$, (iv) $\dfrac{\partial D\{Q(t)\}}{\partial Q(t)} > 0$ ($0<Q(t)<Q_{md}$)

が考えられる. これらの条件をすべて満たす関数は存在しないので, 条件 (i) を

$$\left.\dfrac{\partial D\{Q(t)\}}{\partial Q(t)}\right|_{Q(t)=Q_{md}+1} = \infty$$

と近似化し, 評価関数

$$D\{Q(t)\} = 1 - \dfrac{\ln\{Q_{md}+1-Q(t)\}}{\ln\{Q_{md}+1\}}$$ が得られる.

10.3 利水容量を x_1, 治水容量を x_2 とすると, 条件より $5 \leq x_1+x_2 \leq 10$, $3 \leq x_1 \leq 6$, $2 \leq x_2 \leq 5$ が制約条件として得られ,

$$J = (2.5-1.5)x_1 + (1.5-1.0)x_2 \longrightarrow \max$$

の最適化問題となる.

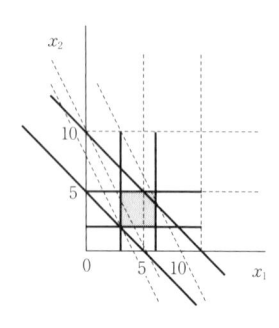

図より J の最大値は 8 となり, $x_1=6$, $x_2=4$ である.

10.4 式（10.32）に従って，関数漸化式を計算すると次の表のようになる．

$t=$		5			4			3			2			1	
$t=$		5			4.3			3			2			1	
		$I=3$			$I=7$			$I=3$			$I=4$			$I=2$	
	f	O	S	f	O	S	f	O	S	f	O	S	f	O	S
	−1	−1	0	18	3	0	27	3	0	43	4.3	0	47	2	0
	0	0	1	25	4.3	1	34	4.3	1	50	4.3	1	52	3	1
	1	1	2	32	4	2	41	4.3	2	57	4.3	2	59	4.3	2
	4	2	3	41	5	3	48	4	3	64	3	3	66	4.3	3
$S=4$	8	3	4	52	6	4	57	5.4	4	73	5.4	4	73	4.3	4
	16	4	5	63	7	5	66	5	5	82	5.4	5	80	4	5

初期値を $S(1)=1$ とおくので，連続式より $\{S(1)=1, O(1)=3\}$, $\{S(2)=0, O(2)=3\}$, $\{S(3)=1, O(3)=3\}$, $\{S(4)=1, O(4)=3\}$, $\{S(5)=5, O(t)=4\}$, $S(6)=4$ が得られる．

10.5 評価関数を $D\{Q(t)\}=a\{Q(t)\}^b$ とする最小化問題と定義する．逐次近似法では，一つのダム（ダム 2）は既に決まっている放流系列に従って操作され，一つのダム（ダム 1）で最適化を行う．次にダム 2 で最適化を行い，この操作を収束するまで続けることになる．最初の最適化では，

$J_1 = \min\{\Sigma a(O_1(t))^{b1}\} + \Sigma a(O_2(t))^2 = \min\{\Sigma a(O_1(t))^{b1}\} + CJ_2$

と書ける．CJ_2 はダム 2 の放流量による評価値で，この場合はダム 1 の操作に影響されない．次に，J_1 の第 1 項の値（ダム 1 での評価値）を CJ_1 とおき，ダム 2 で最適化を図る．

$J_2 = \Sigma a(O_1(t))^{b1} + \min\{\Sigma a(O_2(t))^{b2}\} = CJ_1 + \min\{\Sigma a(O_2(t))^{b2}\}$

J_2 と J_1 の差はダム 2 での最適操作結果であるので，

$J_2 - J_1 = \min\{\Sigma a(O_2(t))^{b2}\} - CJ_2$

で表される．CJ_2 を生じるダム 2 の操作系列は既知であるので，その系列は実行可能解の一つである．それ以上の良い解があれば最適化によって達成されることになる．したがって，

$J_2 - J_1 \leq 0$

となり，全体として最適化が進むことになる．

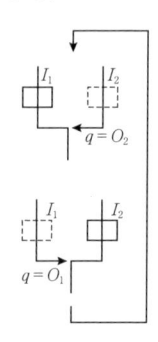

10.6 水質の完全混合モデルを

$$CS(t) = \frac{CS(t-1)S(t-1) + CI(t)QI(t)}{S(t-1) + QI(t)}$$

で表すとする．ここに，$CI(t)$ は流入水質，$CS(t)$ は貯水池内の水質である．水質は貯水量あるいは放流量だけで表すことができないので，DP の中では状態量として扱わなければならない．すなわち，関数漸化式は放流量を決定変数にして，

$$f(S(t), CS(t)) = \min\{D(Q(t), CS(t)) + f(S(t-1), CS(t-1))\}$$

となる．なお，$CS(t)$ に関しては，必ずしも希望する離散量では与えられないので，近似的に最適系列を求めるための離散量として用いられる場合や四捨五入などでおきなおす場合がある．

第11章

11.1 便益と河川流量のファジイメンバーシップ関数は、それぞれ

$\lambda = 1 \quad 2.5 \leq x_1 + 2 \cdot x_2$

$\lambda = \dfrac{1}{2.5}(x_1 + 2 \cdot x_2) \quad 0 \leq x_1 + 2 \cdot x_2 \leq 2.5$

$\lambda = 1 \quad x_1 + x_2 \leq 2$

$\lambda = -\dfrac{1}{2}(x_1 + x_2) + 2 \quad 2 \leq x_1 + x_2 \leq 4$

となり、問題より $0.5 \leq x_1 \leq 2$, $0.5 \leq x_2 \leq 2$ が示される。これらを制約条件として線形計画法が定式化され、目的関数は $\lambda \to \max$ となる。

11.2

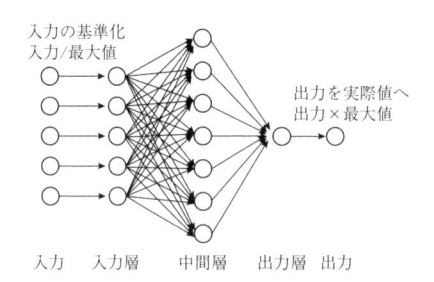

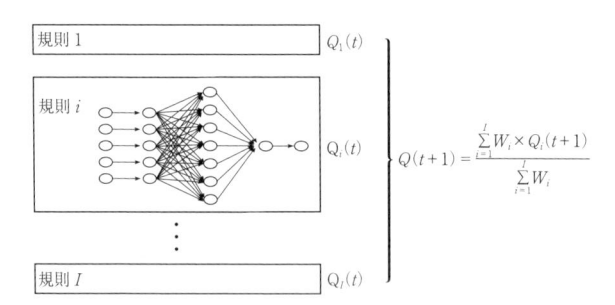

11.3 コレログラムは次のようになる。データ数28個の99%優位性は約0.4であるので、誤差に関しては、遅れ時間7, 9での持続性が確認される。

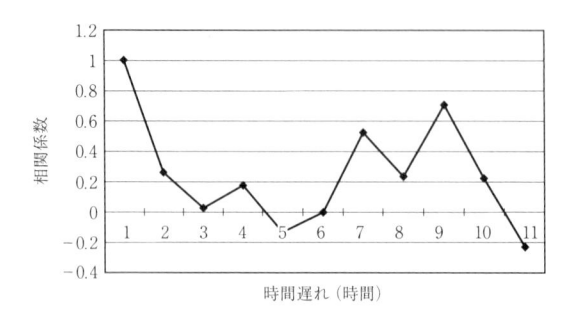

第12章

12.1
i) $L(x_1, x_2, \sigma, \lambda) = (x_1 - 3)^2 + \sigma x_2 + (x_2 + 1)^2 + \lambda(x_2 - \sigma)$

ii) $L_1(x_1 ; \lambda) = (x_1 - 3)^2 + \lambda x_1$
$L_2(x_2, \sigma ; \lambda) = (x_2 + 1)^2 + \sigma x_2 - \lambda \sigma$

iii) $2(x_1 - 3) + \lambda = 0$, $2(x_2 + 1) + \sigma = 0$, $x_2 - \lambda = 0$ より $\sigma = -2(\lambda_2 + 1)$

iv) $\lambda = -\dfrac{10}{3}$, $\sigma = \dfrac{14}{3}$, $x_2 = \dfrac{10}{3}$

12.2 i) $L_1(x_1, \lambda; \sigma) = (x_1-3)^2 + \lambda(x_1-\sigma)$

$L_2(x_2; \sigma) = (x_2+1)^2 + \sigma x_2$

ii) $2(x_1-3) + \lambda = 0$, $2(x_2+1) + \sigma = 0$, $x_1 - \sigma = 0$ より $\lambda = 6 - 2\sigma$

iii) $\lambda^1 = 4$, $x_1^1 = 1$, $x_2^1 = -1.5$, $f^1(x_1, x_2) = 2.75$, $\sigma^1 = 3.75$

$\lambda^2 = -1.5$, $x_1^2 = 3.75$, $x_2^2 = -2.88$, $f^2(x_1, x_2) = -6.70$, $\sigma^2 = 4.44$

$\lambda^3 = -2.88$, $x_1^3 = 4.44$, $x_2^3 = -3.22$, $f^3(x_1, x_2) = -7.29$, $\sigma^3 = 4.61$

$\lambda^4 = -3.22$, $x_1^4 = 4.61$, $x_2^4 = -3.30$, $f^4(x_1, x_2) = -7.33$, $\sigma^4 = 4.65$

となる．完全には収束しておらず，non-feasible method と若干の差が出ている．

12.3 ラグランジェ方程式は

$L = \sum\{D_1(Q_1(t)) + D_2(Q(t)) + D_3(Q_3(t)) + \lambda(t)(x(t) - Q_1(t))\} \to \min$

$L_1 = \sum\{D_1(Q_1(t)) - \lambda(t)Q_1(t)\}$

$L_2 = \sum\{D_2(Q_2(t)) + D_3(Q_2(t) + \lambda(t)x(t))\}$

元の制約条件は，ダムの連続式，ダムの貯水量，放流量能力，と合流，である．これらを model coordination method か goal coordination method で解くこととなる．

12.4 全濾水量は $W_j(t) = A_j \cdot w_j(t) + PU(t)$ （$PU(t)$ はポンプによる涵養量）であり，被圧地下水の水収支式より

$h_j(t+1) = h_j(t) + \dfrac{\Delta t}{A_j SS_j}\left\{(h_j(t) - h_j(t))\dfrac{B_{ij}L_{ij}}{T_{ij}} + W_j(t)\right\}$

となる．

索　引

あ　行

アクセシビリティ　72, 75
a-cut　114
アルベド　4
安全度　24

維持湛水深　54
位数　56
一対比較　14
一定率放流　93
一定量放流　93
遺伝子　79
遺伝的アルゴリズム　78
IF-THEN　88, 108

エキスパートシステム　106
エルニーニョ　83

汚濁原単位　41
汚濁負荷　41
汚濁物質移流　52
オプティカルフロー　117
温排水　60

か　行

回収水　7
階層分析法　11
回復度　26
回廊　102
カオス理論　111
化学的酸素要求量　62
化学物質蓄積過程　67
化学物質暴露　65
確率入力マトリクス　26
確率密度関数　24
カジュアルダイアグラム　46
河川水温度　61

河川密度　57
河川流下　52
河川利用率　2, 6
渇水対策ダム　94
渇水流況　24, 31
家庭用水　6
河道勾配則　57
河道数則　57
河道則　56
河道長則　57
可能蒸発散量　9
灌漑期　54
環境汚染　60
環境ホルモン　64
還元マトリクス　27
関数漸化式　97
感性工学　1
完全混合モデル　30
完全最適解　19
涵養　121
涵養量　125

気圧高度等圧面　86
気温減率　53
気温分布　83
疑河道網　55
擬似変数　122, 124
基準摂取量　65
kinematic wave 法　51
規模・配置計画　17
極うず　85
局所再構成　112

空間基準　101
クリスプ　107

景観　72, 75
経済学　1
下水処理効率　42
減少速度係数　64

建設手順　103
顕熱　4

恒温層深度　60
工業産出額　41
工業用水　6
後件部　77
交叉率　79
後進型　97
洪水追跡法　99
高水流量　72
コネクタ　36
goal coordination method　122
コレログラム　111
コンジットゲート　93

さ　行

最適性の原理　97
再凍結　53

ジェネティックアルゴリズム　111, 117
COD　62
シークエンシャル段階　17
シグモイド関数　110
試系列　101
自浄作用　64
システムダイナミックス　35
自然系　1
実行可能解　19
実数型　100
死亡率　41
シミュレーション段階　17
社会学　1
重心　77
集水面積則　57
取水マトリクス　27
出力層　109

出力マトリクス 27
取排水構造 26
順序統計量 24
昇温 53
条件付確率マトリクス 91
蒸発散 9, 52
食料不足 47
人口移動 41
人工知能手法 106
深刻度 26
親水性 72, 75, 76
信頼度 26

水温移流 52
水質 72
水質移流 52
水質汚染 41
水生生物 64
水生生物個体数 65
水田流出 52
水量流出 52
スカラー最適化 20, 98
スクリーニング段階 16
STELLA 45

生活用水 6
生起確率ベクトル 27
整数型 100
製造品出荷額 41
生態系 72
生態・植生系 75
生物化学的酸素要求量 62
生物進化 78
セクター 37
世代交代 78
線形応答関数 124
線形計画法 95
線形貯留モデル 54
前件部適合度 77
先行建設 103
前進型 97
前線性降雨 5
潜熱 4

相関次元 111
総窒素 62
掃流量 63
総リン 62
Thornthwaite 法 9

た 行

大気大循環モデル 82
大規模システム 35
帯水層 120
堆積物 63
太陽放射 4
ダウンスケール 83
高さ法 77, 113
多層型 51
多目的計画 3, 20
ダルシー則 56
タンクモデル法 51
単純マルコフ過程 26
短長波 4

地域水資源 120
地球温暖化 47
逐次近似法 102
地形性降雨 5
知識ベース 107
治水操作 93
地中水温 60
中間層 109
超長波 4, 85
貯留関数法 51, 100
地理情報システム 52

T-N 62
低気圧性降雨 5
低水流量 72
T-P 62
的中率 88
データベース 106, 107
点源 62
転出 42
転入 42

淘汰・増殖 79
動的計画法 97
都市活動用水 6
都市用水 6
土壌内浸透 52
突然変異 79

な 行

入力層 109

ニューラルネットワーク 88, 109, 117
人間系 1

熱収支法 52
年流出率 13

農業産出額 41
農業用水 6

は 行

パターン分類 83, 84
バックプロパゲーション 109
発生確率 31
発電効率 95
パレート最適解 19, 20

被圧地下水 120
BOD 62
被害額 26
比較水文学 11
非超過確率 24
PBPK 67
表面流出 52

ファジイ型動的計画法 114
ファジイ推論 107, 108, 113
ファジイ積 108
ファジイ補完 108
ファジイ理論 74, 87
ファジイ和 107
不圧地下水 120
フィードバック理論 35
不定率放流 93
部分線形化 18, 96
フラクタル次元 86
フロー 36
分解原理 103
分布型モデル 51

平均海面温度 83
ベクトル最適化 20, 98

放流マトリクス 28
放流量 125

ま 行

水資源開発　22
水資源システム　93
水資源賦存量　2, 8
水需要予測　17
水需要量　34
水循環系　71
水動態シミュレーションモデル　71
水文化　2, 71, 75

無差別曲線　21

メッシュ　51
面源　62
面積法　77
メンバーシップ関数　76, 113

model coordination method　122

や 行

有機的運用　121
融雪　53
ユーザーインターフェイス　106

揚水　121

ら 行

落水線　55
ラグランジェ乗数　124
ラニーニャ　83

利水システム　25
利水操作　94
流域管理　71
流域形状　57
流域水循環　52
流出特性指標　14
流出場　13
流量同時生起確率　29
流量のばらつき　72
流量予測　112

ルールベース　107

冷却過程　53
レイト　36
レイト方程式　37
レーダエコー　117
レベル　36

著者略歴

小尻 利治
(こじり としはる)

1948年　京都府に生まれる
1974年　京都大学大学院工学研究科修士課程修了
現　在　京都大学防災研究所水資源環境研究センター教授
　　　　工学博士

役にたつ土木工学シリーズ2
水資源工学　　　　　　　　　　定価はカバーに表示
2006年10月25日　初版第1刷

著　者　小　尻　利　治
発行者　朝　倉　邦　造
発行所　株式会社　朝　倉　書　店
　　　　東京都新宿区新小川町6-29
　　　　郵便番号　162-8707
　　　　電　話　03(3260)0141
　　　　FAX 03(3260)0180
　　　　http://www.asakura.co.jp

〈検印省略〉

©2006〈無断複写・転載を禁ず〉　　中央印刷・渡辺製本

ISBN 4-254-26512-3　C3351　　Printed in Japan

岩田好一朗編著　水谷法美・青木伸一・
村上和男・関口秀夫著
役にたつ土木工学シリーズ1

海 岸 環 境 工 学

26511-5　C3351　　　　B5判 184頁 本体3700円

防護・環境・利用の調和に配慮して平易に解説した教科書。〔内容〕波の基本的性質／波の変形／風波の基本的性質と風波の推算法／高潮，津波と長周期波／沿岸海域の流れ／底質移動と海岸地形／海岸構造物への波の作用／沿岸海域生態系／他

前早大 吉川秀夫著
朝倉土木工学講座17

河 川 工 学（改訂増補版）

26414-3　C3351　　　　A5判 304頁 本体4800円

永年好評を博した旧版を，その後に生じた新しい問題など最新の資料で書き改めた大学学部学生向けのテキスト。〔内容〕概説（河川の形態・作用）／河川の調査／河川の計画／河道計画／河口部の計画／河川工作物／河川の維持・管理／砂防工事

前京大 岩佐義朗・前広島大 金丸昭治編

水 理 学 Ⅰ

26121-7　C3051　　　　A5判 212頁 本体4000円

大学専門課程の学生を対象に，水理学の基本を図や表をできるだけ多くして懇切ていねいに解説した。〔内容〕静水の力学／流体の力学／管路の定常流／開水路の定常流／浸透層内の流れ／次元解析と水理相似率／波（基礎）

前京大 岩佐義朗・前広島大 金丸昭治編

水 理 学 Ⅱ

26122-5　C3051　　　　A5判 184頁 本体3500円

水理学Ⅰに引き続き，非定常現象を含む複雑な各種の現象を対象として，それらを解析するときの基本的な考え方と解析方法を解説。〔内容〕管路の非定常流／開水路の非定常流／流砂／貯水池・湖沼の水理／波（応用）／高潮／河口の水理

京大 池淵周一・京大 椎葉充晴・京大 宝　馨・
京大 立川康人著
エース土木工学シリーズ

エ ー ス 水 文 学

26478-X　C3351　　　　A5判 216頁 本体3600円

水循環を中心に，適正利用・環境との関係まで解説した新テキスト。〔内容〕地球上の水の分布と放射／降水／蒸発散／積雪・融雪／遮断・浸透／斜面流出／河道網構造と河道流れの数理モデル／流出モデル／降水と洪水のリアルタイム予測／他

関大 和田安彦・阪産大 菅原正孝・前京大 西田　薫・
神戸山手大 中野加都子著
エース土木工学シリーズ

エ ー ス 環 境 計 画

26473-9　C3351　　　　A5判 192頁 本体2900円

環境問題を体系的に解説した学部学生・高専生用教科書。〔内容〕近年の地球環境問題／環境共生都市の構築／環境計画（水環境計画・大気環境計画・土壌環境計画・廃棄物・環境アセスメント）／これからの環境計画（地球温暖化防止，等）

日本水環境学会編

水 環 境 ハ ン ド ブ ッ ク

26149-7　C3051　　　　B5判 760頁 本体32000円

水環境を「場」「技」「物」「知」の観点から幅広くとらえ，水環境の保全・創造に役立つ情報を一冊にまとめた。〔目次〕「場」河川／湖沼／湿地／沿岸海域・海洋／地下水／土壌／水辺・親水空間。「技」浄水処理／下水・し尿処理／排出源対策・排水処理（工業系・埋立浸出水）／排出源対策・排水処理（農業系）／用水処理／直接浄化。「物」有害化学物質／水界生物／健康関連微生物。「知」化学分析／バイオアッセイ／分子生物学的手法／教育／アセスメント／計画管理・政策。付録

水文・水資源学会編　　前京大 池淵周一総編集

水文・水資源ハンドブック

26136-5　C3051　　　　B5判 656頁 本体35000円

きわめて多様な要素が関与する水文・水資源問題をシステム論的に把握し新しい学問体系を示す。〔内容〕【水文編】気象システム／水文システム／水環境システム／都市水環境／観測モニタリングシステム／水文リスク解析／予測システム【水資源編】水資源計画・管理のシステム／水防災システム／利水システム／水エネルギーシステム／水環境質システム／リスクアセスメント／コストアロケーション／総合水管理／管理・支援モデル／法体系／世界の水資源問題と国際協力

東工大 池田駿介・名大 林　良嗣・京大 嘉門雅史・
東大 磯部雅彦・東工大 川島一彦編

新領域　土木工学ハンドブック

26143-8　C3051　　　　B5判 1120頁 本体38000円

〔内容〕総論（土木工学概論，歴史的視点，土木および技術者の役割）／土木工学を取り巻くシステム（自然・生態，社会・経済，土地空間，社会基盤，地球環境）／社会基盤整備の技術（設計論，高度防災，高機能材料，高度建設技術，維持管理・更新，アメニティ，交通政策・技術，新空間利用，調査・解析）／環境保全・創造（地球・地域環境，環境評価・政策，環境創造，省エネ・省資源技術）／建設プロジェクト（プロジェクト評価・実施，建設マネジメント，アカウンタビリティ，グローバル化）

上記価格（税別）は2006年9月現在